数码摄影
从入门到精通

构图、
用光
与实战

光艺影像学院 编著 ● ● ● ● ● ● ● ● ● ● ● ● ● ● ●

U0350082

电子工业出版社·
Publishing House of Electronics Industry
北京·BEIJING

内容简介

这是一套写给已经拥有数码单反相机的摄影爱好者的进阶技法书。

本书从数码摄影需要掌握的基本知识入手，分类讲解了数码摄影基础知识、用光构图基础知识，以及 21 种风光题材、18 种人像题材、6 种花卉小品题材、10 种动物题材、10 种美食静物题材的拍摄技法，对于每个题材，用 1~3 个实拍中总结出的经典技法，配以技术要点说明、重要菜单设置及延伸知识学习等内容，让影友从实拍题材出发，循序渐进地掌握关于数码摄影的重要技法与美学常识。

本书结合全国各地多位资深影友的实拍经验与精美照片，内容丰富、文字实用、版式新颖，有助于摄影爱好者迅速提高自己的拍摄水平。

未经许可，不得以任何方式复制或抄袭本书之部分或全部内容。

版权所有，侵权必究。

图书在版编目（CIP）数据

数码摄影从入门到精通：构图、用光与实战 / 光艺影像学院编著. -- 北京：电子工业出版社，2017.9
ISBN 978-7-121-32660-8

Ⅰ.①数… Ⅱ.①光… Ⅲ.①数字照相机—摄影技术 Ⅳ.①TB86②J41

中国版本图书馆CIP数据核字(2017)第221045号

责任编辑：姜　伟
文字编辑：杜永乐
印　　刷：北京利丰雅高长城印刷有限公司
装　　订：北京利丰雅高长城印刷有限公司
出版发行：电子工业出版社
　　　　　北京市海淀区万寿路173信箱　邮编100036
开　　本：787×1092　1/16　印张：14　字数：358.4千字
版　　次：2017年9月第1版
印　　次：2017年9月第1次印刷
定　　价：79.00元

参与本书编写的人员有：张韬、史红果、孙冲、郝鑫、徐志洋、朱声洋、付欣、丁文、杨杨、吴龙飞、李燕梅、刘季常、山婉莹

凡所购买电子工业出版社图书有缺损问题，请向购买书店调换。若书店售缺，请与本社发行部联系，联系及邮购电话：（010）88254888，88258888。

质量投诉请发邮件至zlts@phei.com.cn，盗版侵权举报请发邮件至dbqq@phei.com.cn。

本书咨询联系方式：（010）88254161~88254167转1897。

前言

每一个拿起数码单反相机或卡片相机的朋友，刚开始都会饶有兴致地拍摄多种题材来提升自己的摄影技法，寻找自己的摄影风格。

是不是找到美女模特，就能拍出杂志封面的写真效果呢？是不是到了坝上或者婺源，就能模仿出明信片一样的风光大片呢？显然不是，因为题材固然是获得好照片的"硬指标"，但摄影技术设置与艺术表现手法，才是更重要的"软指标"。

针对不同摄影爱好者的需要，我们策划了这本书，意在将摄影的"硬指标"与"软指标"结合起来，根据题材谈技法，让技法落地，让题材生辉，让影友直截了当地从题材拍摄实践中掌握纷繁复杂的拍摄技法。

本书从数码摄影最基础的技术基础及常见的拍摄题材出发，讲解了21个风光题材、18个人像题材、6个花卉小品题材、10个动物题材、10个美食静物题材的详细拍摄技法，与其他摄影技法图书相比，本书有三大明显特色：

第一，题材选择到位。我们挑选出影友最常拍摄，又最容易出彩的一些题材。既包含了大自然的江河湖海及万千气象，又囊括了日常生活的静物美食和运动瞬间，还有影友们最喜爱的糖水人像及花花草草，至于一些特别偏门，或难度很高的题材，如闪电、流星等，不在本书选择之列。

第二，技法组织细腻。本书打破了单一的文字写作风格，而尽量将一个题材分为2~3条技法，每个技法下面的文字分为"重要步骤与相机设置""单反达人经验之谈""卡片机怎么拍""延伸学习"等，既符合当下碎片阅读的时代趋势，又能满足不同学习者选择学习的细分需要。

第三，图片搭配精美。本套图书囊括了数十位资深摄影师及发烧友的精美图片，题材丰富、画面精美，使读者阅读起来更加赏心悦目。

多位摄影师及文字作者为本书的完成作出了贡献，他们是著名风光摄影家李元，著名人像摄影家刘光孝、赵晓进，摄影师周馨、李立言、励军徽、王剑波、王嘉木、王诗武、张新民，以及杨卉卉、时卫、王墨兰、何宇恒、赖琴、杨雯婷、缪培昌、万文虎、孙洪兵、潘继蓉、贺成奎、董帅、孙立、李晟、徐华定、陈大志、王军、杨功琪、张韬等，在此一并感谢！

相信通过对本书的阅读，各位爱好摄影的朋友在面对这些题材时，能够做到心中有数，并能拍摄出具有一定水准的作品。

目录

Contents

第1章
你需要掌握的摄影基本常识

第2章
你需要掌握的用光与构图基础

第3章
你不能不拍的21个风光题材

第4章
你不能不拍的18个人像题材

第5章
你不能不拍的6个花卉题材

第6章
你不能不拍的10个动物题材

第7章
你不能不拍的10个美食静物题材

第1章

你需要掌握的摄影基本常识

工欲善其事，必先利其器。摄影不仅是一门艺术，也是一门技术。特别是在数码摄影时代，对数码单反相机操作与设置方法的熟悉，对镜头特点的了解，都将影响实际拍摄的最终质量。所以，在实拍80个题材以前，本书为大家列出了需要掌握的一些基本摄影常识。

1.1 解析数码单反相机

要想得心应手地运用数码单反相机拍摄照片，首先要做的事就是对它有一定的认识，下面通过数码单反相机的成像原理和内/外部结构来了解我们手中的相机。

↘ 了解数码单反相机的成像原理

数码单反相机的成像原理类似于大家中学时学习的小孔成像原理。

当光线通过有小孔的暗箱时，会在暗箱的内部形成一个上下颠倒、左右相反的模糊图像。其中，图像会模糊是因为小孔较小，暗箱内的进光量不足，图像的色彩也不饱和。

在数码单反相机中，用玻璃透镜代替了暗箱上的小孔，于是进光量变大，光线聚集在一起，会形成清晰的图像，而且图像的色彩也能基本和原景物一样。

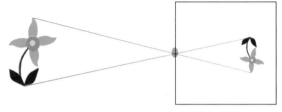

❶ 小孔成像：光线透过小孔，暗箱中出现了模糊的倒立投影

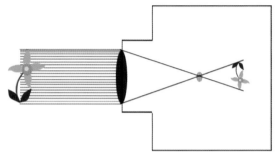

❶ 用玻璃透镜代替小孔，暗箱中的图像变得清晰，色彩饱和

↘ 熟悉数码单反相机的外部结构

对数码单反相机的外部构造有了解，也是拍好照片必不可少的条件。

如数码单反相机的正面示意图：①手柄：按照人体工学设计，操作时更方便、舒适；②镜头；③快门按钮：半按即进入对焦和测光状态，完全按下则是拍摄照片；④遥控感应器：使用遥控拍摄时的接收装置；⑤镜头卸装钮。

数码单反相机的背面示意图：①快速拨轮：用于拍摄时的相关设定，中间的SET按钮为确认键；②取景器：通过此取景器，能观察到拍摄时的构图、测光位置的选择情况；③屈光度调节钮：可以使远视和近视的人都能看清楚取景器内的拍摄信息；④液晶显示屏：拍摄前用于显示和调节相机设置，可用来取代光学取景器拍摄，也可在拍摄后浏览照片和显示照片设定；⑤电源开关；⑥内存卡储存灯：灯闪烁时表示正在存取资料，如果这时取出会中断电源，使图像丢失。

❶ 正面

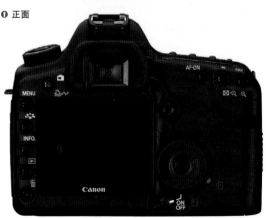

❶ 背面

❶ 顶部

数码单反相机的顶部示意图：①液晶显示屏：显示拍摄过程中的各项信息数值；②热靴：外置闪光灯插口，用于和外接闪光灯的连接；③拍摄模式选择拨轮：转动拨轮可以选择所需拍摄模式；④快速拨盘：快速调节各参数的设置；⑤显示屏灯光按钮：按下此按钮，方便在夜间拍摄时查看显示屏的数值；⑥ISO调节按钮/闪光曝光补偿按钮：选择感光度和闪光灯曝光补偿；⑦AF/DFIVE：调节单张、连续拍摄的不同方式；⑧测光模式选择/WB选择按钮：可进行测光位置选择和选择不同的白平衡模式。

↘ 熟悉数码单反相机的内部结构

数码单反相机的设计应用了小孔成像原理，由镜头组、光圈、快门反光板、五棱镜、感光元件、数码信号处理电路、内存卡等元件构成。

如相机内部的切面示意图：①光圈：由许多圆形金属薄片组成，控制进光量的多少；②快门：由许多长方形金属薄片组成，用来控制光线进入感光元件的时间；③五棱镜：将原来上下颠倒、左右相反的图像变成和实际图像一样的光学装置；④取景器：对实际拍摄物体进行选择和查看；⑤反光板：将光线反射到五棱镜；⑥镜头组：由各种凹凸透镜组成，调整其位置可以改变取景范围；⑦感光元件：记录图像的电子元件，相当于传统的底片。

❶ 内部结构图

第一章 你需要要掌握的摄影基本常识

延伸学习
影响照片品质的几个关键因素

（1）首先镜头直接影响照片质量，相机的镜头相当于人的眼睛，是决定影像清晰度的关键之一。好的镜头不仅有较高的锐度和分辨率，并且能消除色差使色彩还原正常，同时减轻畸变现象。

（2）其次感光元件的大小与像素的高低会影响照片的质量。感光元件的面积越大，成像质量越好。因为感光元件的面积越大，单个像素的面积也就越大，所能接收的光线也越多，对光线的灵敏度也就更高，拍摄出来的影像色彩会更加艳丽，细节也更加清晰、锐利。

（3）感光度的大小也会影响照片的质量。选用高感光度时，拍摄的影像反差小，噪点很多，影像颗粒会变粗；选用低感光度时，拍摄的影像反差大，噪点少，颗粒细腻。

（4）画面曝光准不准确也会影响到照片质量，不论是胶片摄影还是数码摄影，曝光准确是获得影像信息最多的有效手段。特别是在表现被摄物的细节上，曝光越准确，细节色彩越能较好地体现被摄物的本色。

（5）相机的抖动也是会影响画面质量的，拍摄者在拍摄光线较暗或是需要较低快门速度的照片时，要使用三脚架和快门线。手持时还可以使用防抖镜头或防抖机身，因为防抖镜头或防抖机身可以让你使用比安全快门低2～4挡的快门速度得到清晰的照片。

1.2 了解镜头的分类和成像特点

镜头是决定图像品质的关键，摄影爱好者要想用手中的相机拍摄出好的照片，在了解了相机的机身构造之后，还需要了解镜头的不同分类和每一种镜头的特点、运用手法，下面来认识一下各种镜头的功用。

↘ 移动相机改变取景范围的定焦镜头

定焦镜头也被称为定焦镜，其镜头焦距是固定的、无法改变的。对于大多数摄影爱好者来说，一支变焦镜头等于几支定焦镜头，用起来十分方便，但是定焦镜头在变形抑制的能力上要比变焦镜头好得多，特别是在超广角的焦段上表现得较突出。

❶ 佳能50mm F1.2定焦镜头

❶ 尼康35mm F1.8定焦镜头

技法提醒

1 定焦镜头拥有较大的光圈，一些标准镜头甚至可以具有F1.2和F1.0的大光圈，从而为画面营造出更浅的景深效果，或是在光线不足的情况下取得更快的快门速度。

2 由于定焦镜头的镜头焦距固定，需要拍摄者在取景的时候通过自身的移动来改变相机和物体之间的距离，从而调整取景的范围。

3 由于定焦镜头只有一个固定焦距，所以在镜片的设计上比变焦镜头简单，镜片数量也比变焦镜头少很多，所以在重量上比变焦镜头轻很多。

↘ 视野与人眼范围相近的标准镜头

标准镜头的拍摄视野与人眼（一只眼）所看到的视野范围相似，而其焦距长度接近相机画幅对角线长度的镜头。画幅不同的相机，标准镜头的焦距不同。如画幅为24mm×36mm的135相机的标准镜头焦距=50mm；画幅为56mm×56mm的120相机的标准镜头焦距为75mm。确切地说，标准镜头是视角为50°左右镜头的总称，135全画幅数码单反相机标准镜头的焦距一般在45～55mm之间。

❶ 佳能标准镜头示意图

❶ 尼康标准镜头示意图

技法提醒

1 标准镜头的取景范围、前后景物的大小比例带来的透视感都与人眼观看到的大体相同，画面效果显得真切自然，在拍摄取景时也因符合人眼的视觉习惯而显得便于操作，除此以外标准镜头的成像质量相对较高。

2 标准镜头大光圈可以获得更多的进光量，让对焦系统拥有足够的灵敏度，从而能准确快速地对焦。

3 因为标准镜头的视觉效果与人眼相似，在拍摄中能真实地还原场景，所以最适合初学摄影的爱好者使用，能训练他们的观察能力。

↘ 拉近远处景物的长焦变焦镜头

长焦镜头的拍摄视角小于标准镜头，通常是指焦距超过135mm的摄影镜头，长焦距镜头分为普通远摄镜头和超远摄镜头两类。以135照相机为例，镜头焦距为135～300mm的摄影镜头为普通远摄镜头，300mm以上的为超远摄镜头。

❶ 佳能70-200mm长焦镜头

❶ 尼康70-300mm长焦镜头

技法提醒

1 长焦镜头的透视关系较弱，其纵深景物的近大远小的比例会缩小，在风光摄影中使用长焦镜头，会使画面显得比较紧凑，仿佛被压缩在同一平面之上。但这样也有不足，即画面的空间透视性很弱。

2 长焦镜头可以把远处的景物拉近，较浅的景深能使不必要的前景或背景虚化，这样拍摄者着重表现的部分就能从杂乱的场景中凸显出来，成为"一枝独秀"，从而牢牢抓住观赏者的眼球。

↘ 取景范围广阔的广角变焦镜头

广角镜头是指视角为60°～84°的镜头，视角达到90°以上的镜头被称为超广角镜头。广角镜头的焦距一般为24～35mm，超广角一般为16～24mm，还有更广的超广角镜头，比如16mm以下焦距的镜头。

由于它们比标准镜头和长焦镜头的取景范围广，所以能在画面中囊括较多的景物，呈现出不同于一般镜头的宽阔效果。

❶ 佳能14mm F2.8广角镜头

技法提醒

1 广角镜头的焦距较短，拍摄出来的画面景深较深，能将画面的前后都清晰地表现出来，在拍摄时也能表现出浅景深的效果，让拍摄者尽量地靠近被摄主体，同时使用大光圈。

2 使用广角镜头，要注意其广阔视角所产生的特殊效果。它虽然能把很多景物都囊括到画面中，但是画面会因此而显得较为凌乱，所以必须选择合适的景物作为前景，给观赏者留下着眼点。

3 拍摄者要注意，使用广角镜头时因视角过大而产生的景物变形问题，拍摄时要选好拍摄角度，尽量表现拍摄主题，同时将视觉畸变减到最小。

❶ 佳能24mm F1.4广角镜头

↘ 让照片与实物等大的微距镜头

微距镜头是最常见的一种特殊镜头，它是专门用来近摄的，微距镜头有一大特点，就是最近的对焦距离比一般镜头更短，因此能够获得1:1的放大倍率。也就是说，用一些微距镜头可以拍摄出画面中和现实景物一样大的景物。

微距镜头不只是可以近摄，许多摄影爱好者把微距镜头作为普通镜头来用，因为它能在其他距离下进行对焦拍摄，大部分的微距镜头都是采用定焦设计，所以拍摄出来的图像品质很好。

❶ 佳能180mm微距镜头

技法提醒

1 微距镜头的光圈值能比一般的镜头缩得更小，例如F32、F45等，因为微距镜头在很靠近被摄物的时候，景深效果会很浅，为了避免画面无法获取所需要的取景范围，要缩小光圈来获取更深的景深。

2 微距镜头在对焦速度上比一般的镜头要慢，因为微距镜头从最近到无限远的对焦行程比较长，即使使用超声波马达的微距镜头，也可能无法与一般镜头的对焦速度相比。

❶ 尼康105mm微距镜头

↘ 超过180°视觉范围的鱼眼镜头

鱼眼镜头的视角范围接近甚至超过180°，是因为其前端镜片的设计比其他所有镜头的前端镜片有更加弯曲的弧度。鱼眼镜头的规格是独具一格的，拥有极短的焦距，例如6mm、8mm等，正因为鱼眼镜头有这些特殊性，所以用鱼眼镜头拍摄出来的图像会产生弯曲变形，从而得到特殊的艺术效果。

❶ 鱼眼镜头示意图1

技法提醒

1 鱼眼镜头的视角范围较广，在对有极大明暗反差的画面取景时，最好用中间亮度的位置来做测光的位置，并以此作为测光的依据，拍摄者要注意选择合适的曝光补偿或是包围曝光，这样能够避免曝光上出现错误。

2 因为鱼眼镜头前端镜片的极度弯曲的弧度设计，会使拍摄出来的图像因水平线的弯曲而产生极大的视觉震撼力。在使用鱼眼镜头的时候，如果水平线在镜头中心点以上，拍摄出来的水平线会向下弯曲，而水平线在中心点以下，拍摄出来的水平线会向上弯曲。

3 鱼眼镜头的视觉范围超过180°，比人眼的视野更广，在拍摄时最好通过相机来取景，用人眼取景可能会看不到一些干扰物进入画面。

❶ 鱼眼镜头示意图2

1.3 正确认识和使用光圈

光圈是决定相机进光量多少的装置，还能控制画面中的景深大小，使拍摄出来的照片呈现出与现实有一定差距的特殊视觉效果。

↘ 认识光圈

光圈是由许多金属片所组成的通光孔，具有两大功能：控制曝光量和景深。口径大小用来控制曝光量的多少，也可以控制焦点前后所形成的景深范围，控制画面的清晰范围，从而更有效地表达主体。

光圈用符号F来表示，通常，光圈的数值从1开始，因为F1光圈时，眼睛通过镜头看到的明亮度与肉眼看到的是一样的，所以将这样的数值定义为光圈1的标准。在实际中还存在着更大的光圈值，如佳能曾有F0.95光圈，而蔡司更达到过F0.70超大光圈。

❶ 光圈示意图

↘ 光圈与景深的关系

景深是指被摄主体前后都清楚的成像范围。通常拍照时，焦点都对在拍摄主体上，因此照片上的主体成像是最清楚的部分。光圈是影响景深的重要因素之一，光圈越大，焦点前后图像清晰的区域越小（光圈大景深小），也就是景深越浅；反之光圈越小，焦点前后清晰的区域越大，景深越深。

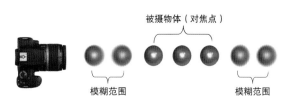

❶ 焦距127mm　光圈F4　快门速度160s　感光度100

❶ 焦距128mm　光圈F18　快门速度1/8s　感光度100

↘ 光圈与画面明暗的关系

光圈的大小不仅可以控制曝光、景深，在不同光圈下，镜头会表现出不同的分辨率与暗角现象。在焦距、快门速度、感光度相同的情况下，光圈越大，进光量越多，画面越明亮，反之画面就会显得暗淡。

光圈是用来控制瞬间进光量的部件，光圈值越小，光圈越大，瞬间进光量越多，照片也就越明亮；反之，光圈值越大，光圈越小，瞬间进光量越少，照片就越暗。

如下图所示，当快门、感光度一定的情况下，光圈越大，进光量越多，照片就越亮；反之，光圈越小，进光量越少，照片就越暗。

❶ 焦距80mm　光圈F8　快门速度1/200s　感光度100

❶ 焦距80mm　光圈F16　快门速度1/200s　感光度100

↘ 光圈与快门速度的关系

快门速度的基本作用就是控制光线照射感光元件的持续时间。时间越短，光线越少，它们之间成正比的关系。光圈和快门速度是决定曝光的两个关键因素。相机中最基本的两种模式为光圈优先模式和快门优先模式。在这两种模式下，如果拍摄者设定了其中一个，相机就会自动决定另外一个。

❶ 焦距30mm　光圈F8　快门速度1/100s　感光度100

❶ 焦距30mm　光圈F18　快门速度1/25s　感光度100

技法提醒

1 在光圈优先模式下，假设需要较高的快门速度，就在照相机上设定一挡较大的光圈；与此相反，如果需要较慢的快门速度，所要做的就是在照相机上设定一挡较小的光圈。

2 在快门优先模式下，假设希望得到较大的景深，即需要较小的光圈，可以在照相机上设定一挡较低的快门速度；与此相反，如果需要选择性的焦点，即较浅的景深，就在照相机上设定一挡较高的快门速度。

1.4　熟练掌握对焦模式

在进行拍摄时，拍摄者需要调节相机镜头的焦距，使距离相机一定距离的景物清晰成像，这个过程称为对焦，而被摄景物所在的点就是对焦点。数码相机大的对焦模式分为手动对焦和自动对焦两种。

↘ 半按下快门准确对焦

半按快门对焦，就是拍摄者运用相机中的自动对焦（AF）确认焦点的过程。在数码单反相机或是镜头上会标有"AF"字符，与"AF"意思相反的是"MF"，即手动对焦的缩写。当采用AF模式时，半按快门开始自动对焦。数码单反相机的AF模式一般分为3种：单次AF对焦模式、连续AF对焦模式和智能自动选择AF对焦模式。

技法提醒

1 单次AF对焦模式在佳能中称为ONE SHOT，在尼康中称为AF-S。启用这种模式，半按快门时开始自动对焦，一旦自动对焦完成，只要保持半按快门对焦距离就会被锁定，直到拍摄完毕后才能再次开始自动对焦，这种模式适合拍摄静止景物。

2 连续AF对焦模式在佳能中称为AI SERVO，在尼康中称为AF-C。启用这种模式，半按快门时开始自动对焦，如果被摄主体改变了位置，则相机将会一直跟踪该被摄主体进行自动对焦，直到按下快门按键的那一刻相机都在进行自动对焦，这种模式适合拍摄运动景物。

3 智能自动选择AF对焦模式在佳能中称为AI FOCUS，在尼康中称为AF-A。启用这种模式相机会自动判断是静止景物还是运动景物，若是静止景物会自动切换至单次AF对焦模式；若物体开始运动，相机会自动切换至连续AF对焦模式。这种模式适合用来拍摄开始静止，后来发生移动的任何物体。

⊙ 佳能自动对焦菜单界面

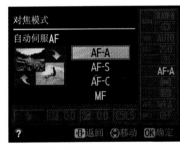

⊙ 尼康自动对焦菜单界面

↘ 单点对焦和多点对焦

单点对焦就是针对画面中唯一的一个焦点对焦，数码相机中最常见的自动对焦模式是中央单点对焦，也就是使用中央对焦点。多点自动对焦一般是相机的场景模式和自动模式选择的对焦模式。

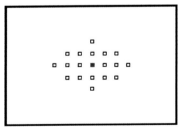

⊙ 单点自动对焦模式

技法提醒

1 在场景模式或自动模式下，相机不知道拍摄者会精确地选择哪一个对焦点，一般会将处于画面较前面的较大物体作为主体，如果前面有较多的物体，相机会同时将几个物体都自动选择，在取景器中会同时出现多个对焦点亮起的情况。

2 拍摄者要知道，多点对焦是为了方便构图而设计的。单点对焦如果在拍摄的时候主体不在中心，那么使用自动对焦就必须先将被摄主体固定在对焦点上，对焦完成后再移动相机进行构图，这种方法除了有操作上的不方便外，在移动的过程中还容易跑焦。

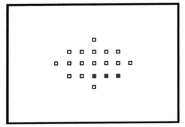

⊙ 多点自动对焦模式

↘ 学会选择对焦模式

在自动对焦模式中又分为3种对焦模式，分别是单次自动对焦、连续自动对焦和智能自动对焦。选择手动对焦时，利用距离刻度可以快速设定对焦距离。

技法提醒

1 单次对焦适用于主体不会移动的静态状态；连续自动对焦适用于被摄主体处于运动状态时；而智能对焦模式针对拍摄在静止和运动间转换的主体。

2 在手动对焦模式中，当将摄影镜头对准百米赛跑的终点时，可以先将对焦距离设置好，然后当运动员到达终点时立即按下快门拍摄，这种方法也被称为"陷阱对焦"。

3 在拍摄风景时，如果是采用广角镜头和超广角镜头，手动对焦时可以将对焦环旋转至约2m或稍远的位置，此时再采用F16或者更小的光圈，基本上可以使远近的景物都获得较清晰的成像。

❶ 连续自动对焦模式

❶ 手动对焦模式

↘ 灵活自如地使用对焦锁定

拍摄者在拍摄中，无论手动选择AF自动对焦点，还是自动选择AF自动对焦点，往往都会用到对焦锁定功能。

❶ 佳能对焦锁定按钮

技法提醒

1 在拍摄中要实现对焦锁定可以采用以下方法：选择单次AF对焦模式时，半按快门按键即可锁定对焦。需要特别注意的是，尼康相机是在单次AF对焦模式下按住AE-L/AF-L按钮完成对焦锁定的，而佳能相机则是按住AF-ON按钮锁定（一些没有AF-ON按钮的相机可在自定义里面进行设定，使用星号键作为对焦锁定）。

2 使用对焦锁定功能时，可选择中心对焦点将被摄体放在该位置，然后半按快门，等对焦测光完成后，按下对焦锁定按钮改变构图，将快门按到底完成拍摄。若没有单独的对焦锁定按钮，则半按快门锁定对焦。

❶ 尼康对焦锁定按钮

1.5 选择合适的测光模式

为了保证测光的准确，也为使拍摄者能依据拍摄主体以及客观环境的变化做出正确的调整，相机生产厂商研究出一些在相机上适用的测光模式（Metering Mode），并加载在相机中。数码单反相机中的测光模式一般有多分区测光、中央重点平均测光、局部测光和点测光4种。

↘ 适合普通场景拍摄的多分区测光

多分区测光模式也称为区域测光模式，不同厂家的多分区测光有不同的名称，佳能相机称为评价测光，尼康相机称为矩阵测光，索尼称为蜂巢测光。多分区测光模式是由相机测光系统将拍摄的画面分成多个区域，并根据不同的区域和亮度进行加权处理，然后经过运算而得出的比较科学的测光读数，所以相比其他测光模式，多分区测光更适合各种复杂光线环境。多分区测光模式是数码相机中最主要和最常见的测光模式，得到的画面曝光值相对准确。

❶ 佳能评价测光模式

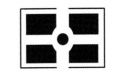

❶ 尼康矩阵测光模式

技法提醒

1 多分区测光可以轻易获得均衡的画面，不会出现局部高光过曝的现象，适用于拍摄顺光条件下的风景、团体合照。

2 这种测光模式对逆光拍摄有一定的补偿，但是不建议在画面中有大面积反光面时（如阳光下的积雪）使用，因为很亮的光源会导致"平均"之后的数值不准确，致使整个画面的曝光受到影响。

❶ 多分区测光例图

↘ 适合人像拍摄的中央重点平均测光

中央重点平均测光的测光面积一般占全画面的60%～75%，是一种偏重画面中央的测光模式。这种测光模式能适当兼顾主体与背景的关系，更偏重考虑中央区域曝光细节的表现，在拍摄主体位于画面中央的场景时测光非常准确，所以在人像拍摄中当人物处于画面中央且占较大面积的时候运用较多。

❶ 佳能中央重点平均测光模式

❶ 尼康中央重点测光模式

技法提醒

1 中央重点平均测光的重点区域比较确定，在大多数的拍摄情况下，中央重点测光是比较实用的测光模式，比较适合拍摄小品风景、旅游人像、静物等题材的照片。

2 中央重点平均测光模式也能够拍摄主体较大的逆光环境，但是对于主体面积不大或光比过大的情况都不适合，所以不建议在这种情况下使用中央重点平均测光模式。

➲ 中央重点平均测光例图

↘ 适合复杂光线时拍摄的局部测光

　　局部测光模式是指测光面积在5%～9%的测光区域，这种测光模式只对画面中的某一局部进行测光，不受测光范围之外其他光线的影响和干扰。这种测光模式只有佳能相机才有，尼康相机中没有这种测光模式。

技法提醒

1 局部测光模式适合于被摄主体与背景有着强烈的明暗反差，而且被摄主体所占画面的比例不大的时候使用。

2 这种测光模式比较适合环境光线反差比较大或者需要突出主体的拍摄场合，比如风光摄影中的侧逆光、局部光等环境，以及花卉、人像等需要主体被突出的对象。

❶ 局部测光例图

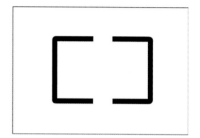

❶ 佳能中央重点平均测光模式

↘ 细节曝光准确的点测光

　　点测光的测光范围占画面的1%～4%，是一种精确的测光模式，主要为了特殊条件下的测光，适合要求较高的专业摄影人士选用。

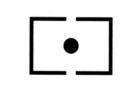

❶ 佳能点测光模式

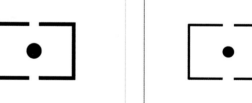

❶ 尼康点测光模式

技法提醒

1 因为点测光是一种精确的测光模式，摄影者必须知道被摄对象中什么位置适合用来选"点"作为测光基准。

2 点测光模式不会考虑周边环境的亮度，仅以测量范围的亮度来决定曝光值，完全不受拍摄画面其他反射光线的干扰，能确保测出画面中所选对象所需的曝光量。

3 点测光模式主要用于画面明暗反差特别大的拍摄场景，尤其是风光摄影中，经常会遇到逆光或侧光的光线环境，此时就可以选用点测光模式来得到合适的曝光值。

❶ 点测光例图

1.6 注意运用白平衡

若想使数码照片的色彩符合我们的肉眼感觉或者设想，应该注意调整白平衡模式。一般建议将白平衡模式设置为自动，当然也可以尝试更多的白平衡模式拍摄，特别是对于初学者而言，应该多尝试使用不同的白平衡模式进行拍摄。

↘ 白平衡的设置与效果

白平衡的作用是告诉相机什么是白色，还原了白色，相机拍摄出来的白色正确以后，其他在画面中的颜色才会准确。

现在的数码相机一般都有多种固定的白平衡模式：自动白平衡、日光灯白平衡、阴影白平衡、荧光灯白平衡、白炽灯白平衡、闪光灯白平衡、自定义白平衡等。拍摄者只要在不同的拍摄环境中正确识别光源的种类，在数码相机的白平衡中选择与之对应的白平衡模式，就能使拍出的照片得到较为真实的色彩还原。

技法提醒

1 阴影白平衡适宜的色温高达8000K以上；荧光灯白平衡适宜的色温范围为4500～6500K；闪光灯白平衡适宜的色温范围为5500～5800K；白炽灯白平衡适宜的色温范围为2600～3500K；日光白平衡适宜的色温为5400K左右。

2 自动白平衡是数码相机的默认设置，数码相机自动决定调校画面白平衡的基准点来进行白平衡调校。自动白平衡在较多情况下都可以正确还原颜色，但是在室外光线明亮或者阴天天气等情况下会出现色彩偏差。

❶ 自动白平衡模式

❶ 荧光灯白平衡模式

❶ 晴天白平衡模式

❶ 阴天白平衡模式

❶ 钨丝灯白平衡模式

❶ 闪光灯白平衡模式

↘ 白平衡的熟练运用

拍摄者在熟悉白平衡各个模式的运用范围之后，就要将这些理论知识结合到摄影的实践中去，在实际的拍摄中修正画面的色彩，同时让照片色调产生变化，达到一些特殊的效果。

拍摄者可以利用特定的白平衡来体现某种氛围，在某些特殊的情形下，还可以故意给相机一个错误的白色基准点，使得整个画面的色彩偏离正常的轨道，从而很好地表达出拍摄者想要传递的情绪和意图。

技法提醒

1 在拍摄五颜六色的花朵时，如使用完全和实际情况相反的荧光灯白平衡模式，整个画面的色调会立刻冷下来，如梦似幻。

2 使用荧光灯白平衡所拍摄出来的照片，颜色会产生偏蓝色调，可以用来表现水面或山峰的宁静和冷峻。

3 使用阴天白平衡时，可以使照片整体颜色偏暖，在拍摄日出或夕阳的时候选择阴天白平衡，能营造出温暖的感觉。

❶ 正常白平衡

❶ 荧光灯白平衡

❶ 正常白平衡

❶ 白炽灯白平衡

❶ 正常白平衡

❶ 阴天白平衡

1.7 设置合理的感光度

感光度主要是指CCD（感光元件）或CMOS（感光元件）对光线的敏感程度，ISO值就是相机的感光度，它对照片的成像质量有着很大的影响，所以，掌握好感光度对画面好坏的影响，对提高画面的拍摄效果具有很高的价值。

技法提醒

1 低感光度下可以获得极为平滑、细腻的照片。在拍摄时，只要环境允许，能够将照片拍清楚，就尽量用低感光度，在ISO100或更低的低感光度下成像质量是非常好的，画质清晰、自然。

2 ISO100~200属于中感光度，中感光度的画面有质感，更注重事物本身的特质。ISO400~800是高感光度，在这一段噪点开始逐步增加，现在新出的相机，对这一段噪点控制已经做得较好，只要曝光正确，画面质量还是较有保证的，特别是全画幅相机，其噪点非常低。

↘ 感光度对画面质量的影响

使用数码相机时，拍摄者可以根据拍摄条件来自由地改变ISO感光度。拍摄者在不同的拍摄环境下，根据光线条件的强弱来选择不同的感光度。不同数值的感光度，拍摄出来的照片在噪点、色彩和细腻程度上各不相同。

❶ ISO800效果示意图

❶ ISO100效果示意图

↘ 感光度对**快门速度**的影响

在同样的曝光条件下，ISO感光度的高低与快门速度成正比。ISO感光度越高，快门速度越快；相反，ISO感光度越低，快门速度越慢。

↘ 拍摄时的光线较暗，所以拍摄者使用ISO400的感光度，得到1/160s的快门速度，保证了画面的清晰度

◉ 焦距	❋ 光圈	☰ 快门速度	ISO 感光度
18mm	F5.6	1/160s	400

技法提醒

1 如果遇到光线不足的拍摄环境，要获得充足的曝光量，低感光度设置下的快门速度往往会比较慢，以至于摄影者难以手持拍摄，此时可以通过调整相机的感光度来提高快门速度，同时又不减少曝光量。

2 在光线较暗的环境下运用低感光度拍摄的时候，为获得充足的曝光而得到一个较慢的快门速度，最好使用三脚架保证画面的清晰。如果想冻结移动中的主体，可以提高ISO感光度来增加快门速度。

1.8 灵活运用各种拍摄模式

现在的数码相机厂商为了方便用户在不同场景下拍摄，对数码相机的操作进行了细化，将拍摄模式分成创意模式和场景模式。创意模式有光圈优先、快门优先、程序自动和手动模式；场景模式有风光模式、运动模式、夜景模式、夜景人像模式、微距模式、闪光灯关闭模式等。

↘ 光圈优先模式

光圈优先模式（Aperture Priority Mode）是由摄影者自主选择光圈的大小，而相机根据摄影者选定的光圈值设置适合的快门速度的一种拍摄模式，又被称为Av模式或A模式。在光圈优先的模式下，用户可以自行设定感光度、曝光补偿、白平衡等参数。

技法提醒

1 光圈越大，进光量越多，景深越浅，被拍摄的主体也就越突出；光圈越小，进光量越少，景深越深。因此，可以通过设置光圈大小来制造各种景深。

2 拍摄人像时，为了突出拍摄主体，让背景达到虚化的效果，常常采用大光圈来进行拍摄。如果是拍摄风景，为了得到更大的景深，让照片更有通透感，则会采用小光圈拍摄。

↑ 选用光圈优先模式拍摄站在田野上的女孩，用较大的光圈得到较浅的景深，突出画面中的主体人物

📷 焦距	✳ 光圈	〰 快门速度	ISO 感光度
120mm	F4.2	1/200s	100

↘ 快门优先模式

快门优先模式（Shutter Priority Auto Mode）是摄影者自主选择快门速度，而相机根据摄影者选定的快门速度设置合适的光圈大小的一种拍摄模式，又被称为Tv模式或S模式。在快门优先的模式下，用户可以自行设定感光度、曝光补偿、白平衡等参数。

技法提醒

1 在拍摄运动物体时，使用快门优先模式，可以确定一个较为安全的快门值，然后进行拍摄。当快门速度低于1/60s时，建议使用三脚架进行拍摄，防止因为手抖而影响照片的清晰度。

2 快门优先模式和运动模式是有区别的，快门优先模式下的快门速度是可以控制的，而运动模式下的快门速度是相机自行设定的，如果采用慢门，运动模式将不能达到要求。

↑ 选用快门优先模式拍摄山间的瀑布，利用快速的快门速度定格水滴落下时的状态

📷 焦距	✳ 光圈	〰 快门速度	ISO 感光度
120mm	F5.6	1/6400s	400

↘ 程序自动模式

　　程序自动模式也称P模式，在程序自动模式下，单反相机会根据测光数据自动设定曝光参数，允许用户适当调整快门速度和光圈大小。程序自动模式可以看做是光圈优先模式和快门优先模式的折中模式，程序自动模式使用起来很方便，适用于很多题材的拍摄，如生活记录照片、旅游速写等。

技法提醒

1 程序自动模式决定了曝光值，但是也可以在总体曝光值不变的情况下，通过调节光圈或快门来调节照片效果。

2 使用程序自动模式拍摄时，建议搭配标准变焦镜头，以发挥快速、方便的功效。

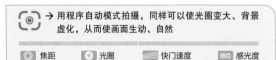

焦距	光圈	快门速度	ISO 感光度
50mm	F2.8	1/500s	100

→ 用程序自动模式拍摄，同样可以使光圈变大、背景虚化，从而使画面生动、自然

↘ 手动模式

　　手动模式，顾名思义就是需要拍摄者自己设置光圈大小、快门速度、感光度和白平衡等参数。手动模式是数码相机拍摄模式中操作最为复杂的模式，需要用户了解测光、曝光的关系，具有丰富的拍摄经验并熟练掌握控制曝光的方法，所以手动模式适合有经验的摄影师使用。

技法提醒

1 使用手动模式拍摄时，可以自由设定快门速度和光圈值来表达自己的创意。

2 棚拍的时候，经常要利用外闪拍摄。因为有闪光灯作为光源，所以棚内一般不会很明亮。如果用相机的测光系统测光，得到的只能是一个非常大的光圈+非常慢的快门速度的组合。因为相机测光系统不能测量闪光灯的曝光量，这时最好选用手动模式拍摄。

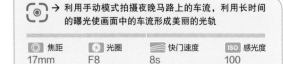

→ 利用手动模式拍摄夜晚马路上的车流，利用长时间的曝光使画面中的车流形成美丽的光轨

焦距	光圈	快门速度	ISO 感光度
17mm	F8	8s	100

↘ 人像模式

人像模式属于场景模式中的一种，是用来拍摄人像照片的专属模式。采用人像模式，数码单反相机可以自动选择对焦点，而且画质也被设置为更加适于拍摄人物的模式，拍摄者可以更轻松地拍摄出漂亮的人物照片。

与常规的全自动模式相比，人像模式可以利用照片风格对照片色调进行调整，使人物的肌肤质地更加柔和，使画面的色彩还原度较高。

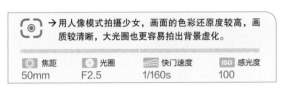

→ 用人像模式拍摄少女，画面的色彩还原度较高，画质较清晰，大光圈也更容易拍出背景虚化。

◉ 焦距	✦ 光圈	〰 快门速度	ISO 感光度
50mm	F2.5	1/160s	100

↘ 风光模式

拍摄者选用风光模式时，数码相机会自动将光圈调到较小，以获得大景深，保证画面的清晰和层次，所以风光模式适于拍摄风景或建筑的场景。

技法提醒

1 风光模式多用于拍摄白天的风景，内置闪光灯和自动对焦辅助照明灯会自动关闭。拍摄时建议拍摄者使用三脚架，以避免由于光线不足而产生画面模糊。

2 在拍摄雪山等自然风光时，由于需要用小光圈、深景深增强画面的色彩和空间感，可以直接采用风光模式进行拍摄。

↓ 利用风光模式拍摄蓝天、白云下的树林、溪水，还原出画面的真实色彩，使整个风景画面看起来更优美

◉ 焦距	✦ 光圈	〰 快门速度	ISO 感光度
15mm	F13	1/250s	100

↘ 运动模式

　　拍摄运动场景适合用运动模式，在选择运动模式的情况下，相机会自动启动连续对焦以及连拍模式，最后从连拍的照片中选择最合适的一张。在运动模式下相机会尽量提高快门速度，使运动中的主体表现清晰。

技法提醒

1 在用运动模式拍摄照片时可以开启镜头上的防抖功能，使捕捉的画面更加清晰、生动。

2 在拍摄时，如果光源不足，可能会无法锁定高速移动的图像，因此最好在光线较好的情况下使用运动模式。

↑ 选用运动模式拍摄奔跑中的儿童，恰到好处地表现出儿童的天真烂漫、活力无限

◉ 焦距	✸ 光圈	▩ 快门速度	ISO 感光度
165mm	F4	1/400s	125

↘ 夜景模式

　　夜晚拍摄时，如果打开闪光灯会造成"前景一片死亮、背景一片死黑"的情况，这时可以使用夜景模式来避免。

技法提醒

1 在夜景模式下，最好使用三脚架和快门线进行拍摄，因为按下相机的快门按钮也会使相机抖动，如果没有快门线，也可以使用相机的延时拍摄功能来达到同样的效果。

2 夜景模式通过降低快门速度解决夜间人造光线亮度不足的问题，从而拍摄出曝光正确的景物。

↑ 选用夜景模式拍摄霓虹闪耀的城市夜景，在三脚架的固定下，降低快门速度，得到正确的画面曝光

◉ 焦距	✸ 光圈	▩ 快门速度	ISO 感光度
10mm	F22	1/22s	100

↘ 微距模式

　　拍摄花卉、昆虫和其他小动物的特写时适合用微距模式，在使用此模式拍摄近距离的花草等时，摄影者要尽可能缩短拍摄距离，以镜头的最近对焦距离对拍摄主体进行对焦，将较小的物体放大，这样拍出来的照片色彩饱和、画面清晰。

技法提醒

1 在用单反相机的微距模式拍摄时，拍摄者可以配上有微距功能的镜头或专业微距镜头来拍摄，以得到更好的效果。

2 在使用微距拍摄模式时主要调节光圈，使要拍摄的主体清晰、背景模糊，同时使用合适的测光模式，并决定是否使用闪光灯让照片正确曝光。

↘ 闪光灯关闭模式

　　闪光灯关闭模式是在摄影时禁止用闪光灯，相机内置闪光灯和与其连接的外接闪光灯都不闪光，只利用周边的环境光进行拍摄。因为不闪光，所以不会破坏现场气氛，整体对比度不像风光模式那样强烈，所以即便是明暗差较大的夜景，也可以获得自然的成像效果，所以在拍摄演奏会、美术馆等供参观欣赏的场合时较适用。

技法提醒

利用闪光灯关闭模式，拍摄时只需要现场光，以恰如其分地表现出环境光线及气氛，用来拍摄人物时，更能拍摄出人物的轮廓和线条感。

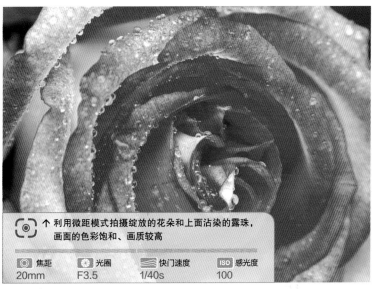

↑ 利用微距模式拍摄绽放的花朵和上面沾染的露珠，画面的色彩饱和、画质较高

焦距	光圈	快门速度	ISO 感光度
20mm	F3.5	1/40s	100

↑ 选用闪光灯关闭模式，利用窗外透进来的自然光线拍摄身着民族服饰的女孩，画面自然且不失美感

焦距	光圈	快门速度	ISO 感光度
102mm	F2.8	1/400s	200

1.9 设置存储格式与照片尺寸

不同的照片存储格式能方便大家合理安排照片在相机里面的空间，拍摄者在拍摄时要有充分的灵活性，根据自己最终的用途来设定照片的大小和文件格式，合理的存储格式也有利于对照片的后期处理。

↘ 设置3种不同的尺寸

在数码单反相机中一般有3种尺寸供拍摄者选择，它们分别是L、M、S。这3种尺寸的主要差别在于画面的像素大小不同，不同画质照片的大小、尺寸、容量均不相同，尺寸越大的照片记录的数据越多，照片的细节也就会越精细，拍摄者要将照片冲洗出来时能放大的倍率也就越大。

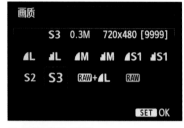

❶ 佳能存储尺寸菜单

❶ 尼康存储尺寸菜单

技法提醒

1 L、M、S 3种模式在小一点的显示器上显示的效果几乎相同，是因为只有照片放大到原始分辨率时才容易看到区别。

2 拍摄风光照片，在存储卡允许的情况下，请尽量使用L模式拍摄。L模式像素高，分辨率高，细节表现细腻，用这种模式拍出来的照片对后期处理以及冲洗都会有关键的影响。

↘ 两种常用的存储格式

两种常用的存储格式是JPEG和RAW，JPEG格式可以将人眼无法辨识的细节信息舍去，以达到兼顾质量与容量的目的；RAW是要求较高的摄影爱好者常使用的存储格式，其保留感光元件所感测到的没有处理的原始信息。

❶ 佳能相机菜单界面

❶ 尼康相机菜单界面

技法提醒

1 JPEG格式能节省存储卡的空间，最大优势是可增加照片拍摄的数量和加快照片存储的速度。对于大多数人和普通家庭来说，它是一个不错的选择，因为JPEG文件尺寸小，上传、下载速度快，可以方便地与朋友分享、交流。

2 JPEG是一种很灵活的格式，具有调节图像质量的功能，允许用不同的压缩比例对文件进行压缩，支持多种压缩级别，压缩比例通常在10:1到40:1之间，压缩比例越大，品质越低，相反，压缩比例越小，品质越好。

3 RAW格式存储的是原始图像数据，并未对所拍摄的照片进行任何加工，保存了完整的数据信息，为拍摄者的后期创作保留了很大的空间。而且RAW格式比TIFF格式小，更节省存储空间。佳能相机上的RAW格式的扩展名为 .CR2，尼康相机的RAW格式扩展名为 .NEF。

↘ 始终选择最佳画质

在拍摄中拍摄者要始终选择最佳画质，除了可以选择以L模式存储照片，保留更大的照片数据外，还应该尽量选用RAW格式进行存储，因为RAW格式可以记录数码照片更多的原始信息。摄影师可以用专业软件对数码照片的原始信息进行调节，这些信息包括照片的对比度、色温值、曝光补偿、清晰度、阴影、高光等。摄影师还可以对照片中的暗部细节进行强化，或消弱画面的紫边现象。RAW格式为照片的后期处理提供了更为广阔的空间。JPEG格式图像压缩的是高频信息，对色彩的信息保留较好，因此普遍应用于存在大面积连续色调的图像中，在JPEG格式下选择最高画质进行保存，能保留更多的细节。

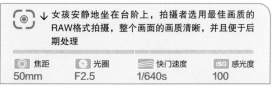

↘ 女孩安静地坐在台阶上，拍摄者选用最佳画质的RAW格式拍摄，整个画面的画质清晰，并且便于后期处理

◉ 焦距	✳ 光圈	〰 快门速度	ISO 感光度
50mm	F2.5	1/640s	100

使用RAW格式拍摄，即使拍摄时出现较大的曝光错误，也能在后期中予以修正，并保持高画质。

（摄影：永乐君）

焦距	光圈	快门速度	ISO 感光度
85mm	F1.4	1/160s	400

❶ 过曝的原片

❶ 调整后

第2章
你需要掌握的用光与构图基础

摄影是一门技术与艺术相融合的学科，进入摄影这
扇门，要想达到艺术的最高造诣，其前提就是要掌握好
摄影的各项技术，而把握好用光与构图则是最基础的技
术要点。下面，就一起来了解这门技术吧！

2.1 不同光线的魅力

摄影是用光的艺术，摄影界将光分为自然光和人工光两种。自然光线主要指阳光，它有3种不同的形态，即直射的阳光、散射的阳光，以及周围环境的反射光。阳光下所有景物的光效都是由这3种形态的光线所构成的。

↘ 晴朗天气明朗的直射光

直射光出现在晴朗天气，这是因为晴朗天气没有云层遮挡，太阳的光线可以直接投射到被摄体上，因此被称为直射光。

直射光也称硬光，这种光线因为直接照射在被摄体上，会使被摄体产生明显的投影和明暗面，表现出明显的明暗对比。直射光也有强弱之分，强烈的直射光具有很明确的方向性，会让被摄体形成较强烈的明暗对比，而且被摄体还会产生很明显的投影。柔和的直射光线也具有这些特点，只是强度会稍微减弱。用这种光线所拍摄的照片具有很好很特别的光影结构，可以较好地再现被摄体的立体形态，表现画面的空间感和层次感。

↑ 直射光条件下，被摄景物的向阳面与背光面有清楚的明暗关系，空间层次得到很好的表现

📷 焦距	✦ 光圈	▤ 快门速度	ISO 感光度
130mm	F16	1/400s	100

直射光示意图

▌单反达人经验之谈

在拍摄风光照片时，直射光是最常见的光线，但是用直射光尤其是强烈的直射光拍摄人像照片就显得少见了。这是因为强烈的直射光会产生明显的明暗反差，形成的阴影不能展现出被摄人物的真实容貌。如果不是特殊的拍摄需要，人像摄影一般避免采用强烈的直射光来拍摄。

↘ 阴天环境柔和的漫射光

　　散射光出现在阴天，这种光线被空中的云彩遮挡，不能直接投向被摄体，光线效果比较平淡柔和，因此被称为散射光。

　　阴天环境中的散射光几乎没有方向性，不会让被摄体形成明显的受光面和阴影面，但却会让被摄体呈现出丰富的细节，使被摄体具有最佳的色彩饱和度。这种光线适合用来表现安静、柔美及具有意境的风光和人像摄影作品。

漫射光示意图

> ◎ ↘ 阴天环境中的漫射光几乎没有阴影，画面的画质和色彩都特别细腻

◎ 焦距	✷ 光圈	☰ 快门速度	ISO 感光度
44mm	F5.6	1/125s	100

▌卡片机怎么拍

　　对于大多数的用户来说，卡片机都属于"傻瓜"型相机，即使有的卡片相机有各种自主控制功能，拍摄者也很少将它们的作用发挥出来。而在阴天环境中，靠相机自动测光来曝光的卡片机就非常方便，因为阴天的光线很平均，自动曝光很容易得到与真实效果没有太大出入的画面效果。

　　阴天环境下，无论是拍摄人像还是拍摄风光，都可以说是比较好的选择，而且对于女性人像或者儿童人像拍摄来说，具有更多的优势，因为这种光线下被摄者的皮肤会表现得更加柔润光滑。

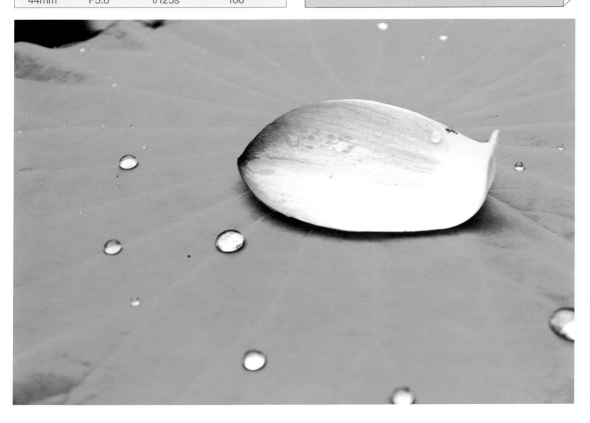

↘ 各类物体细腻的反射光

若主体或场景的光线并非来自光源直接投射，而是经过旁边物体反射而来，我们就称为反射光。反射光的效果除了光源本身的影响外，主要取决于反射区域的材质，越粗糙的表面，反射光源的效果越接近散射光；相反，反射表面越平滑越光亮，反射光源效果就越接近直射光。除此以外，反射区域的色彩也会改变光源的色光表现，间接影响物体或拍摄场景中原有的色彩。常见的反射光有水面反射光、反光板所制造出来的人工反射光，以及镜面等物体发出的反射光等。

↑ 在这张存在反射光的照片中，虽然拍摄的景物是坚硬的岩石，但是岩石看上去却显得细腻、透亮

焦距	光圈	快门速度	ISO 感光度
16mm	F9	1/8s	100

反射光示意图

延伸学习

风光拍摄为什么要避免反射光？

虽然上面讲到反射光具有细腻柔和的特点，但如果在某些不必要的场合遇上较强烈的反射光，这种光线就会变成摄影中所称的杂光。这种光线会降低画面色彩的饱和度，进而削弱画面中整个景物的表现力。尤其是拍摄玻璃或水面时，还会产生折射，影响被摄主体的表现。

要避免这种情况，就需要用到偏光镜。

① 偏光镜

2.2 不同种类直射光的造型效果

上一节我们按照光线的性质将其分为了3类，而其中的直射光又是比较复杂的一类，因为它具有不同的方向，而来自不同方向的光线则对被摄体有着不同的造型效果。本节就将对不同方向的直射光进行仔细分析。

↘ 表现被摄体真实性的正面光

直射光具有方向性，在摄影中我们把它们分为正面光、前侧光、侧光、侧逆光、逆光和顶光几大类。

正面光又称"顺光"，是指从相机背后投向被摄体的光线，光源与相机的方向是一致的。由于正面光的投射方向正对被摄体，所以被摄体的表面几乎完全受光，而且光线分布也很均匀，被摄体明暗之间的交界线大多被遮挡而不可见。这样的光线对于曝光来说比较简单，但是用这种光线拍摄出的画面却因没有阴影和反差而显得相对平淡。

正面光光线均匀的特点对一些人像拍摄来说是优点，因为采用这种光线拍摄出的人像影调显得比较明快、干净，皮肤也显得细腻平滑。当然，拍摄时不可能完全运用这一种光线，在其他光线的搭配下会使照片表现出更多美感。

▌单反达人经验之谈

在日常生活的拍摄中，正面光比较适合用来拍摄比较普通的留念、集体照或全家福，因为这类作品对体现人物面部立体感的光线要求并不高。

在风光拍摄中，正面光也比较常见。因为正面光受光均匀的特点能将被摄景物的色彩真实地还原出来，进而表现静态的大自然风光，并营造出一种宁静、开阔的气氛。

↑ 用正面光拍摄女性，能让皮肤显得白皙，这张画面正是如此。不过，为了增加人像的立体感，在拍摄时还增加了灯光来塑造立体感

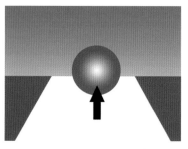

◉ 焦距	✳ 光圈	〰 快门速度	ISO 感光度
95mm	F4.5	1/200s	100

❶ 焦距16mm　　光圈F13　　快门速度1/250s　　感光度100

正面光示意图

↘ 强调被摄体立体感的前侧光

前侧光是指光线投射的方向与被摄体和相机镜头成45°左右夹角的光线。前侧光可以将被摄体的大部分照亮，并形成丰富的影调。同时被摄体的一部分也处于阴影中，因而这样的光线更容易突出被摄体的深度，产生立体感，尤其能将被摄体表面结构的质地精细地显示出来。

在人像拍摄过程中，前侧光的表现力也是最佳的，因为此时被摄者的面部或身体的小部分处在阴影中，能充分地表现出被摄者的立体感和轮廓，效果十分自然，影调丰富，同时对画面色彩的还原也非常好。

前侧光示意图

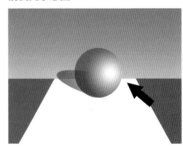

▌卡片机怎么拍

外出旅行，即使没有单反相机也可以很方便地将景色拍摄下来，这其中就需要注意光线和构图。

如同上面所讲到的，前侧光能够很好地表现景物的立体感。因此，即使是使用卡片相机，只要观察好光线的角度，选择好拍摄位置，再遵循合理的构图方式，就能拍摄出漂亮的风光照片。图例中所示照片就是利用卡片机的程序自动曝光（根据现场光线可适当进行曝光补偿）世博会上在前侧光下拍摄到的建筑物，它轮廓清晰，立体感突出。

● 焦距11.2mm　光圈F6.7　快门速度1/750s　感光度100

↘ 增强被摄体明暗反差的侧光

侧光是指来自被摄体一侧与镜头光轴成大约90°夹角的照明光线。侧光光线的造型效果非常奇特，被摄体的一面被照亮，另一面则被掩盖在阴影之中。这种明暗反差极强的光线也因这种奇特的效果而被称为"结构光线"。

侧光在拍摄风光摄影时运用比较广泛，侧光下的景物有强烈的明暗反差，同时受光面、背光面和阴影也使景物的立体感表现较为强烈。尤其是当侧光光线角度较低的时候，这种光线会在景物的另一侧留下长长的影子，这种影子与景物本身会形成丰富多彩的光影效果。

侧光示意图

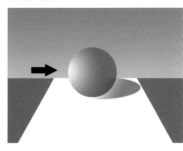

◉ ↘ 侧光下的景物具有强烈的明暗反差，受光面、背光面以及阴影让景物的立体感非常好

◉ 焦距	✦ 光圈	≋ 快门速度	ISO 感光度
28mm	F16	1/400s	200

延伸学习

侧光突出男性刚毅的个性

人像摄影中，侧光不是唯美的光线，而是一种塑造人物性格的光线。它通常用来拍摄面部轮廓比较鲜明的男性，以表达他们的阳刚之美。如果拍摄女性，则能够表现其内心的状态。

在使用侧光时，要特别注意处于阴影中的脸部，如果有需要，摄影者可以适当进行补光以达到最完美的拍摄效果。

➲ 焦距110mm 光圈F22 快门速度1/125s 感光度100

↑ 侧逆光照射在树叶上，将树叶的轮廓及色彩清晰地呈现出来

◎ 焦距	✳ 光圈	快门速度	ISO 感光度
64mm	F7.0	1/125s	100

侧逆光示意图

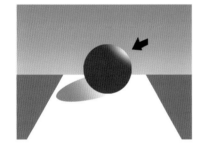

↘ 增强空气透视效果的侧逆光

侧逆光是指来自相机的斜前方与镜头光轴成大约120°~150°夹角的照明光线。因为侧逆光是从景物的后侧照射过来的，所以在拍摄者的眼中，会看到被摄体的正面只占受光面的很小一部分，所以拍摄出来的画面影调显得比较沉重。不过这种光线依然能够很好地表现被摄体的立体感，同时还能得到强烈的空气透视效果，让画面的影调和层次非常丰富。

侧逆光很适合表现物体的轮廓，但接近光源的轮廓会比较强烈，远离光源的轮廓会比较微弱。不过也正因如此，呈现出来的轮廓会有明暗的差异，立体感也会比较强。因此，在拍摄花卉、植物等一些特写风景作品时，常会采用侧逆光来表现。

▌单反达人经验之谈

侧逆光在人像拍摄时也比较常用，但是并不会作为单独的一束光线出现。在人像摄影中，侧逆光照射的部分人像的细节较为突出，但是被光线遮挡的部分就没有立体感，细节也很少，这时就要使用反光板、电子闪光灯等辅助照明工具适当提高阴影面的亮度，修饰出阴影面的细节层次和影调的生动性。

● 焦距185mm　光圈F2.8　快门速度1/200s　感光度100

↘ 突出被摄体轮廓的逆光

逆光是指光线来自被摄体的正后方，与镜头光轴成大约180°夹角的光线。逆光光线因为处于光源和相机之间，所以被摄体的正面都被光线遮挡住，如果对其曝光，则会产生主体曝光不足的现象。如果是一般的拍摄，一般不会采用逆光。

但是逆光的这种特点又能创造其他光线创造不出来的特殊效果，这种效果就是剪影。剪影即因曝光不足而形成类似于剪纸的轮廓。剪影效果简单明了，画面具有强烈的反差和很强的表现力。拍摄背景漂亮且轮廓非常有特色的景物或人像时，剪影能表现出独特的优势和视觉效果。

↓ 太阳落山前，天边的光线又有了色彩，借着这种光线拍摄任何轮廓鲜明、奇特、优美的景物，用剪影的形式都能获得不错的效果

◎ 焦距	✹ 光圈	〰 快门速度	ISO 感光度
100mm	F9	1/2000s	100

逆光示意图

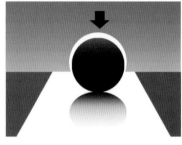

▌卡片机怎么拍

很多使用卡片相机的爱好者在看到剪影效果时都以为只有专业相机和专业摄影者才可能拍摄出这样的效果。其实不然，如今的卡片相机大多都比较智能。

如果你的卡片相机有手动曝光功能，在合适的光圈下再将快门速度加快，让画面有类似于曝光不足的效果，就有可能拍摄出漂亮的剪影效果了。如果对手动曝光把握不准，多拍几次就可以了。

❶ 焦距18mm　光圈F8
快门速度1/200s　感光度100

↘ 制造特殊效果的顶光

顶光是指从头顶上方直下与相机成90°角的光线。顶光对于摄影者来说，是比较难运用的光线，很难让照片呈现出完美的光影效果。

风光摄影中，顶光更适宜表现表面相对平坦的景物。如果恰当地运用顶光，也可以为画面带来饱和的色彩、均匀的光影分布和丰富的画面细节，比如晴天午时出现的局部光。

人像摄影中，光线通常在被摄体的头顶，阴影深重而强烈，这种光线如果没有特殊需要，一般都不会被使用。

顶光示意图

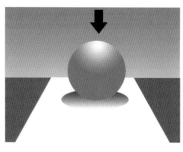

延伸学习
用顶光增加花卉的亮点

很多人都认为顶光不容易处理，其实任何事情都不是绝对的。实践中，利用顶光的照明特性，同样能拍出理想的画面，关键是要选择适当的景物。例如可以采用俯拍，使受顶光照射的主体和未受光的景物形成反差，有利于表现主体。选背景时也要选择与主体有对比的背景，如果背景是深暗的，主体就应是明亮的；如果背景是蓝色的，主体就应是红色的等。当然也可以平拍，顶光照亮的部分看上去会更明亮、更出彩。

❶ 焦距90mm　　光圈F5　　快门速度1/80s　　感光度100

↘ 正午时分的阳光因云层遮挡而只留下一块光亮，这一块仅有的顶光却成为画面的焦点，明亮、清晰、美丽

焦距	光圈	快门速度	ISO 感光度
16mm	F16	1/125s	100

2.3　画面构图的基本元素

摄影构图的元素是指形成摄影画面的造型材料，被摄体的影像均由这些元素组成，摄影者也是利用这些造型元素组成画面的。摄影者要熟悉摄影构图的元素，并在拍摄现场善于发现摄影构图的元素，并且会提炼和利用这些元素去构成一幅摄影画面，或者说形成一幅摄影作品。摄影构图的元素是点、线、面、形状、影调和色彩。

↘ 单一出众的点

构图的基本单位就是点、线、面。在画面中，点是最基本的元素，很多点的重复或是一个点的移动就会构成线，而多条线的组合则能构成一个面。画面中这些最基本的点、线、面就构成了三维立体空间。

在一张照片中，我们所说的点只是一个比较抽象的概念。画面中的任何物体都可以被想象成一个点。点是相对于面而言的，与画面相比，点是面中非常小的一部分，它具有集中视线的作用，尤其当画面中的元素非常简洁时，点会成为画面的视觉中心。构成以点的结构为主的画面时，要想方设法地创造点和强化点。要强化点，则可以从形状、大小、色彩和光线等方面入手。

↓ 点在画面中虽然看上去很小，但是因为色彩和形态的特别，它们会成为欣赏者集中的焦点，进而成为画面主体

◎ 焦距	✦ 光圈	➤ 快门速度	ISO 感光度
100mm	F5	1/100s	100

↘ 由点组成的线

足够多的点按照一定的方向集合在一起就构成了线，一个点的移动也能构成一条线，线条是构图的重要组成部分。

线具有方向性、分界性和延伸感。在平面视觉艺术中，线条一般表现为物象轮廓，以及光影和色域面积之间的临界线，它是描写景物、反应内容、刻画形象的要素。不同的线条具有不同的形式，而这些形式也能表达出不同的感情色彩。

↑ 点与点之间总存在着联系，有规律的点连接起来就会形成动人的线条

◎ 焦距	❀ 光圈	≋ 快门速度	ISO 感光度
160mm	F8	1/500s	100

▌卡片机怎么拍

无论是使用卡片机还是单反相机，只要抓住线条的表现特征，都可以拍摄出理想的画面。以下为线条的感情语言，供初学者参考。

曲线柔，直线刚。细线弱，粗线强。

淡线轻，浓线重。长线隔，短线跳。

透视线，有纵深。倾斜线，不稳定。

线条的形式感如下。

当一根线条重复时便有了节奏感。

当浓、淡对比线，虚、实对比线和透视线出现在画面中时又会具有空间感。

当某种物体的动态轨迹记录在摄影画面中时，线条又具有了时间感。

◑ 焦距5.2mm　光圈F5.6
快门速度1/800s　感光度100

↘ 色彩

色彩在摄影构图中向来有着举足轻重的作用。色彩可以渲染气氛，营造理想的图片环境。不同的颜色、不同的饱和度及明度（色彩的明亮程度），分别有着不同的含义。

比如，色调面积大，相互间对比明显，界限清楚，可以产生富有生气、活跃、动人的效果。大块的暗色调与小块的明色调配置，具有庄严、悲壮、深沉和神秘等效果。大面积的明亮色调与少量暗色调配置，具有舒畅、轻快和爽朗等效果。淡色调具有优美、纯真的情调；柔和的色调具有含蓄、抒情、优美和安详等表现效果。

多彩的色轮

延伸学习
不同色彩带来的心理感受

红色：温暖、热情、真诚、危险、恐怖和血腥等。
橙色：热情、温暖、光明、活泼和新鲜等。
黄色：明快、壮丽和辉煌等。
绿色：和平、希望、生命和凉爽等。
蓝色：冷淡、理智、无限、博大、平静且蕴含力量。
紫色：神秘、忧郁、消极、高贵和优雅等。
黑色：黑暗、阴郁、恐怖、安静和庄重等。
灰色：安静、柔和、质朴、抒情、朦胧和金属质感等。
白色：明亮、坦率、纯洁、爽朗和忧伤等。

↑ 色彩本身就是一门大学问，所以在拍摄时要适时运用色彩来增加画面的吸引力，表达出内在深刻的感情色彩

焦距　　　　光圈　　　　快门速度　　　感光度
34mm　　　F8　　　　　1/5s　　　　　100

2.4 构图的基本要点

摄影是一个发现美、捕捉美、分享美的视觉享受过程，如果我们能掌握一些构图方面的技巧，将能更好地记录美好景物，更好地传播美的影像。

↳ 合理的摄影角度

拍摄方向是指以被摄对象为中心，在同一水平面上围绕被摄对象四周选择摄影点。在拍摄距离和拍摄高度不变的条件下，不同的拍摄方向可以展现被摄对象不同的侧面形象，以及主体与陪体、主体与环境的不同组合关系变化。拍摄方向通常分为正面角度、斜侧角度、侧面角度、反侧角度和背面角度。选择不同的角度，得到的画面会有很大的不同。很多时候，一群人在相同的环境拍摄相同的景物，拍出来的效果却大为不同，而这里的不同就是因为拍摄时所选择角度的不同造成的。

多样的拍摄角度

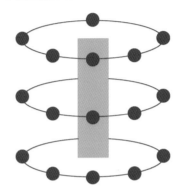

在拍摄这张画面前，拍摄者寻找了多个角度，因为不同角度具有不同的效果，这张只是表现经幡侧面的一张

◉ 焦距	✹ 光圈	〰 快门速度	ISO 感光度
16mm	F16	1/100s	100

↘ 画幅的选择

在平时的拍摄中，摄影者往往因手持相机的方式而习惯于横向取景，不断地拍出横画幅照片，忽略了还可以竖向取景以拍出竖幅照片。然而画幅的选择直接影响了画面的最终效果，对于该用竖画幅表现的对象如果拍成横画幅，会使画面中的垂直因素被减弱甚至抵销。反之亦然，该用横画幅的内容如果拍成竖画幅，画面中的水平因素也会被减弱甚至抵销。

在拍摄时，首先应分析主体是水平线条占优势还是垂直线条占优势，再根据表现意图决定采用横画幅还是竖画幅，或是方画幅。准备采用横画幅或竖画幅时，还应进一步考虑横画幅的宽广程度与竖画幅的高耸程度，不要受感光元件或底片画幅的限制。勇于冲破常规并大胆地进行取舍，往往有助于成功地运用画幅这一构图因素。

横画幅人像

↑ 为了表现出女性旋转的美姿和飘飘而起的白裙子，拍摄者采用竖画幅构图，让人像看起来更高挑，更舒适

焦距	光圈	快门速度	感光度
170mm	F6.3	1/200s	100

▌卡片机怎么拍

无论是卡片机还是单反相机，都有横画幅和竖画幅两种，横画幅就是按照正常方式持握相机，竖画幅则将相机垂直持握即可。在功能上，肯定都是相同的。

比如，横画幅展示的是画面的宽广度，适于拍摄宽阔、动势和环境场景。尤其是宽广的横画幅有助于强化景物的水平舒展与广阔，能增添画面的静溢与稳定。竖画幅展示的是画面的纵深度，适于拍摄高大、向上的场景，尤其是高耸的竖画幅，有助于强化景物的高大与向上运动，能增添画面的活力与吸引力。

❶ 焦距12mm 光圈F5.6
快门速度1/800s 感光度100

↘ 背景的应用

　　新闻背景，家庭背景……在日常生活中背景似乎与我们形影不离，而在摄影作品中，背景也几乎存在于每一幅作品中。从画面的空间来说，背景一般是指位于主体后面的景物，好的背景具有衬托主体、交代环境、丰富画面内容和说明现场氛围的作用。

以蓝天为背景的城市建筑

　　那么，怎样的背景才算是选择得当呢？一般来说，背景的选择以简洁为主，简洁的背景必然会使整个画面变得简洁，主体得到突出。除了简洁外，在色彩上也要有讲究，最好选择影调和色彩比较单一的场景作为拍摄背景，若背景的影调和色彩与主体的影调和色彩接近，就会使主体和背景混为一体，从而减弱主体的重要性。

↑ 在这张画面中，背景中的高楼大厦很好地描绘了船舶停靠的环境

◎ 焦距	✳ 光圈	▧ 快门速度	ISO 感光度
12mm	F5.6	1/800s	100

延伸学习
背景的引申意义

　　背景还有交代环境和丰富画面内涵的作用。比如在外出旅游的途中拍摄人像，为了留下到此一游的纪念，就要选择有代表性的建筑或景观作为背景，此时选择的背景就交代了画面所处的环境。除了旅游人像外，民俗人像拍摄更注重背景的选择，而且背景在民俗人像拍摄中还会起着更重要的作用。

❶ 焦距12mm　光圈F5.6
快门速度1/800s　感光度100

↘ 前景的取舍

从空间位置来说，前景是位于画面最前端的景物，前景的作用很大，其中最主要的就是能在二维的平面照片中创造出三维的空间感、立体感和深度感。

在一幅摄影作品中，虽然需要突出主体，但是只有主体是不够的，单调的主体不可能传达出空间感和深度感。所以，摄影画面中的前景是非常重要的。有前景的存在，还能说明拍摄的环境，有时也能对平衡画面起到一定的作用。而且当画面中的主体比较单调、空洞或渺小的时候，运用拍摄场景中的前景可以让画面变得更加丰富。

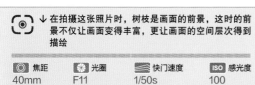

◎↘ 在拍摄这张照片时，树枝是画面的前景，这时的前景不仅让画面变得丰富，更让画面的空间层次得到描绘

◎ 焦距	❋ 光圈	〰 快门速度	ISO 感光度
40mm	F11	1/50s	100

▌单反达人经验之谈：如何选择一处好的前景

在一个拍摄环境中，可以作为画面前景的景物可能非常多，面对如此众多的景物，我们该如何选择呢？

总体来说，为了更加清晰地表达拍摄主题，最好选择与拍摄主体相呼应的物体来作为前景。具体而言，选择的前景最好是线条结构优美、色彩较单纯的景物，这样的前景才不会产生喧宾夺主的后果。但是，如果拍摄主体本身的色彩比较单调，适当地选择色彩鲜艳的物体来作为前景也是可以的，此时色彩鲜艳的前景就可以巧妙地避免画面的单调和平淡。比如拍摄冬季的晨雾，白茫茫的雾景不仅没有空间感，而且单调的色彩还会使欣赏者觉得乏味，增加点色彩鲜艳的前景就可以同时避免画面空间感不强和色彩单调的缺点。

以树枝为前景的雾景风光

↘ 画面的透视关系

透视是指被摄体在平面图像上由于远近距离的差异而营造出的空间感。透视可分为线透视、隐没透视与色彩透视3种。

在生活中，当沿着一条笔直的公路向远方望去，最后发现道路会变得越来越狭窄，并且最终汇聚到一点，这种透视关系就是线性透视。

隐没透视也称空气透视。空气本应该是透明的，但是实际环境中的空气有各种尘埃和烟雾，当看远方的景物时，景物离拍摄者的视线越远，其轮廓越不清楚，细节也越少，画面中的远景或背景将变得越来越模糊，也就形成了隐没透视。

色彩透视和空气透视类似，物体离视点越远，色相越冷，纯度越低，浅色明度越弱，深色明度越高；相反，物体离视点越近，色相越暖，纯度越高，浅色明度越强，深色明度越弱。

大小透视模型

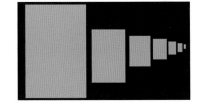

画面透视效果

↑ 教堂里的座椅及地面的砖线，因为线性透视的效果而呈现出放射状的视觉冲击

焦距	光圈	快门速度	ISO 感光度
16mm	F11	1/160s	100

▌卡片机怎么拍

无论是卡片相机还是单反相机，线条汇聚的程度都是由拍摄角度决定的。拍摄角度越低，视线与平面的角度越小，汇聚程度越大，当相机接近地面时，汇聚效果会非常明显。相反，拍摄角度越高，汇聚程度则越小。镜头的焦距也是影响线性透视的一个因素，当拍摄汇聚构图时，广角镜头能在前景中容纳更多的斜线而使汇聚线更加明显。所以，广角镜头可以增强线性透视，而长焦镜头正好相反，它会消减这种效果。

↘ 画面的视向空间

视向空间是指主体所面对方向所留出的一个合适的空间，以免造成欣赏者视觉上的压迫感和紧张感。在拍摄人像、动物等有视线方向的主体时，更应该注意保留主体的视向空间。视向空间还会让欣赏者的视线跟随被摄主体的视线而去，这个视向空间会留给欣赏者以好奇感和神秘感，引导欣赏者的视线。

如果拍摄主体本身具有方向性或运动的方向，比如飞行的鸟、行走的人及奔跑的车等。拍摄时也应当留出一定的视向空间，这样才不会造成画面局促或不协调的感觉。

▌单反达人经验之谈

应适当把握视向空间的大小，如果视向空间过大，虽然会让欣赏者产生很大的想象空间，但这样却会让照片产生空洞感。如果在被摄主体的视线范围内安排某些景物，可以让画面更具故事性，同时也具有引导视线的作用。

当摄影师拍摄运动物体时，视向空间构图预留的画面空间要根据运动物体的运动速度而定，速度越快，预留的空间越大。拍摄人像时，需要根据人物的神态和动作，结合其他的构图因素综合考虑，在人物的视线方向预留适当的画面空间。

● 焦距200mm　光圈F2.8　快门速度1/4000s　感光度100

人物视向空间

↑ 人物眼神所延伸的方向就属于视向空间，这部分空间的空余能为欣赏者营造出自然放松的效果

◎ 焦距	※ 光圈	快门速度	ISO 感光度
95mm	F4.2	1/200s	100

第2章　你需要掌握的用光与构图基础

57

↳ **画面留白的重要性**

留白是指摄影画面上除了看得见的实体对象之外的一些空白部分，它们是由单一色调的背景组成的，形成实体对象之间的空隙。单一色调的背景可以是雾气、天空、水面、草原、土地或者其他景物，由于运用各种摄影手段的原因，它们已经失去了原来实体对象，而在画面上形成单一的色调来衬托其他实体对象。

留白虽然不是实体的对象，但在画面上同样是不可缺少的组成部分，它是沟通画面上各对象之间的联系、组织它们之间相互关系的纽带。空白在画面上的作用如同标点符号在文章中的作用一样，能使画面章法清楚，段落分明，气脉通畅，还能帮助作者表达感情色彩。

延伸学习
如何确定留白的多少？

要防止面积相等或对称，一般来说，画面上空白处的总面积大于实体对象所占的面积时，画面才显得空灵、清秀。如果实体对象所占的总面积大于空白处，画面重在写实，但如果两者在画面上的总面积相等，给人的感觉就显得呆板平庸，这是一个形式感觉的问题。我国古代绘画论说："疏可走马，密不透风。"也就是说在疏密的布局上走点极端，以强化观众的某种感受，创造自己的风格。空白的留舍，以及空白处与实处的比例变化，的确是一幅创造性的画面布局的重要手段。

画面中的水面部分就是留白部分，虽然水面上的实体占据的位置不大，但却由于水面的留白使画面产生了空阔舒适的效果

◉ 焦距	✳ 光圈	〰 快门速度	ISO 感光度
120mm	F11	1/800s	100

海水部分为画面的留白空间

第3章
你不能不拍的21个风光题材

风光是大家最喜欢拍摄，也是最容易拍摄的题材。无论是名山大川，还是建筑小景，无论是沙漠草原，还是日出日落，丰富的风光题材不仅给我们带来心旷神怡的视觉享受，也为我们留下了赏心悦目的摄影佳作。

3.1　雄壮伟岸的山脉

表现名山大川的壮丽风景是风光摄影当中最为常见的主题。大多数人都会选择拍摄山脉，认为山脉是较容易拍摄的。但是，真正要将山脉的雄伟、大气、连绵拍摄出来并不是简单的事情。因为山脉的景致比较单一、乏味，所以拍摄者必须寻找出山脉的亮点，将其合理巧妙地运用在构图中，同时还需要运用娴熟的技术来帮助拍摄。

↘ 寻找视野开阔的地点完成构图

气势雄伟的山脉在天地间有着穿透地面直至天空的气势，而这种气势正是拍摄者所喜爱和寻找的。拍摄者不仅需要将这种气势拍摄出来，还需要将山脉的广阔和连绵不绝一同体现在拍摄的照片中。

要想体现出山脉独有的气质，需要在拍摄时选择视野较为开阔的地点进行构图，这样拍摄出来的山脉不仅气势磅礴还具有很好的透视感。

📷 ↑ 连绵的山脉屹立在大地上，光线的照射让山脉明暗有致、层次丰富。拍摄的位置选在高点上，所以在画面中能感受到山脉的开阔与大气

📷 焦距	✳ 光圈	🎞 快门速度	ISO 感光度
44mm	F7.1	1/200s	100

重要步骤与相机设置

1 选择地势广阔、视野宽广的位置进行拍摄，这样便为拍摄开阔宏伟的山脉创造了先决条件。拍摄时可以选择多分区测光模式进行拍摄。

2 在山脉的拍摄中尽量凸显主体，不需要有过多的元素出现在画面中。很多初学者喜欢将很多元素一起融入画面中，这样做往往不能很清晰明了地表现拍摄者的想法。

3 寻找轮廓鲜明、具有特色的山脉，用多角度观察，使画面与众不同。

▌单反达人经验之谈

在拍摄时需要注意对光圈大小的把握，因为在拍摄风光照的时候通常需要用小光圈使画面中的前后景都保持清晰。而在必要时拍摄者可以选择使用景深预测按钮来判断画面的景深情况，了解画面中前后景致是否清晰。景深预览按钮一般设计在镜头接环附近，在观察时按住不放就能通过取景器看到画面景深的变化情况。

❶ 景深预测按钮

↘ 用光线的变化描绘山脉的层次和质感

山脉总是很安静地坐落于大自然中，它的美不同于其他的自然景物，它是安静无声、不动声色的。山脉需要拍摄者用宽视觉、大场景来体现它的磅礴，而小景的构图拍摄方法只能表现出山峰形态，要表现山脉的层次略显不足。

在拍摄山脉的时候，较容易出现的问题是将山脉拍得索然无味，让画面显得过于呆板、没有亮点。为了避免出现这些问题，拍摄者在拍摄时可以选用侧光和斜侧光，还可以选用侧逆光来点缀画面，且能表现出山脉的层次感和质感。

重要步骤与相机设置

1 拍摄具有神秘氛围的山脉时，可以用侧光、斜侧光和侧逆光进行拍摄。因为这3种光线会在被摄体上造成明暗差异极大的亮部与暗部，从而让景物形成强烈的明暗反差，使拍摄画面具有强烈的立体空间效果。

2 在侧光、斜侧光和侧逆光的情况下拍摄时，由于景物的受光面和背光面有很大的差异，所以适合选择点测光进行测光拍摄。

▎卡片机怎么拍

卡片机是人们日常生活中必不可少的一样物品。卡片机相对于单反相机来说较为轻便，操作更简单，而且更便于携带。现在的卡片机往往设置了多种场景模式，在拍摄者选择拍摄山脉时，可以直接在场景模式中选择风光模式拍摄，这样既能保证色彩又能保证画面景深。

❶ 焦距8.6mm　　光圈F5.6　　快门速度1/400s　　感光度100

↘ 这幅画面中，拍摄者合理地运用了侧光来表现山脉的层次感。山脉自身已经具有了足够的层次和美感，但是搭配上光与影，整座山脉不仅具有层次和美感，还被赋予了一种神秘感。

◎ 焦距	✱ 光圈	☰ 快门速度	ISO 感光度
200mm	F13	1/200s	100

↘ 使用滤镜得到独特的艺术效果

滤镜是采用玻璃或者塑料材质做成、放在镜头前起保护镜头、校正色温或者添加某些拍摄效果作用的一种镜片。滤镜的种类有很多，能为画面带来独特艺术效果的滤镜一般有偏振镜、各种冷暖色滤镜，以及渐变镜、十字星光镜等。由于PS等软件的广泛应用，目前星光镜、冷/暖色滤镜等在实际使用中多被PS后期代替，使用者已经很少，下面介绍目前还广泛应用的几种滤镜。

偏振镜能有选择地让向某个方向振动的光线通过，可以用来消除和减弱非金属表面的强反光，从而消除或减轻光斑。渐变减光镜是一片一半有色一般无色，从1/2处开始由无色透明逐渐变成浅色，最后到深色的均匀过渡的滤镜。在拍摄天空过亮的环境时，使用它可以压暗天空，平衡天空与地面的光比。

重要步骤与相机设置

1 在拍摄的时候，可以根据需要选择不同效果的滤镜，从而满足拍摄者对画面艺术效果的追求。

2 在使用偏振镜来减少偏振光时，拍摄者可以通过取景器一边观察偏光的程度，一边旋转偏振镜，从而达到对画面效果的要求。拍摄者在使用偏振镜的时候一定要注意，偏振镜的旋转方向要与在镜头上旋紧时的方向一致，以免反方向旋转时偏振镜掉落。

3 为了让画面中的暖调效果更为强烈，可以使用暖调的渐变减光镜。

延伸学习
滤镜的两种类别

滤镜根据安装方式分为两种：旋入式和插入式。

旋入式滤镜使用方便、容易安装和拆卸。不过，因为镜片和外框是一个整体，在更换滤镜时只能一起换，不能只换镜片，所以价格比较贵。

插入式滤镜只需要在镜头上安装一个外框，然后根据拍摄要求插入不同的光学镜片即可。在使用插入式滤镜时有一个坏处，因为多了一个滤镜的镜框，所以无法安装遮光罩来阻挡有害光线的进入。

正因为如此，插入式滤镜在价格上较旋入式滤镜要便宜些。插入式滤镜只需购买一个镜框就可以使用不同的滤镜。

❶ 插入式滤镜

↘ 站在高点上一眼望去，山脉开阔宽广的景致完完全全地浮现在眼前。在碧蓝色天空的映照下，感觉高大耸立的山脉无限地接近天空，山脉和天空就像是一个整体，谁都不能将其分开。拍摄者使用偏振镜，使天空看上去更加碧蓝，山脉的色彩也更加饱和

◎ 焦距	✳ 光圈	▦ 快门速度	ISO 感光度
24mm	F22	1/128s	100

3.2 流动在山间的云海

虚实手法在摄影艺术中是一个比较重要的表现手段。在拍摄飘逸的云海的时候，通常将云海作为虚的景物，而实的景物可以是未被云雾遮盖的某一景物。一些平时看起来不怎么样的景物，在被云海围绕的时候会变得妩媚多姿，展现出一种朦胧美。在拍摄时，大家要学会含蓄，不要过于直白，要给人一种若有若无、隐隐约约的感觉。

↘ 以地面为主采用包围曝光

云海是多处名山大川风景的重要景观之一。所谓云海，是指在一定条件下形成的较厚云层，云海高度低于山顶高度，当人们站在山巅俯视一望无垠的云层时，看到的是轻盈柔美、虚无缥缈、千变万化、神秘味十足的云海。

在拍摄云海的时候，拍摄者可以采用包围曝光模式进行拍摄。包围曝光适用于复杂光源或相机不易正确测光的场合，在设定为包围曝光以后，相机会拍摄出3张等差曝光量的照片供拍摄者挑选出最满意的作品。

重要步骤与相机设置

1 拍摄山间流动的云海，拍摄者可以选择多分区测光模式拍摄。为了保证画面的质量，需要将感光度值调为ISO100，因为感光度值较低，所以这时需要使用三脚架来稳定相机，从而拍出好照片。

2 在拍摄时，如果光比不大而且拍摄物在画面中央位置，可使用中央重点平均测光模式。

3 使用包围曝光的时候，由于相机会同时拍摄3张曝光不同的照片，如果光圈不同，景深和成像质量也会不同，所以在拍摄时可以选择光圈优先进行拍摄。

> **┃ 单反达人经验之谈**
>
> 　当相机使用局部测光和点测光时，由于其测光区域在画面中央，而在构图时，最佳测光点有可能不在那里，所以对于曝光值的控制可能会因为相机的移动而出现失误。为了避免这种情况出现，可以使用相机的曝光锁定功能。

飘动的云海包围了田间山脉，而山间的田舍则点亮了画面成为画面中的一抹闪光点，在云海的包围下，大地上的一切显得那么神秘且富有意境

📷 焦距	✴ 光圈	〰 快门速度	ISO 感光度
325mm	F8	1/120s	100

↘ 以天空为主增加曝光补偿

　　登山拍摄时，云海是作为"重头戏"进行拍摄的。在日出或者日落的时候还能形成五彩斑斓的云海，这种云海被称为"彩色云海"，而彩色云海较一般的云海在视觉上更为壮观。

　　在拍摄云海的照片时，往往以浅淡、飘逸的云海作为拍摄主体，而一些深色调的物体只占了一小部分。如果拍摄者选用自动测光模式进行测光，那么拍摄出来的效果往往会比实际情况偏暗，因此需要增加曝光补偿。

▌卡片机怎么拍

　　由于卡片机的携带较为方便，来到浓雾的风景区摄影者可以抓紧时间以不同角度构图多拍摄几张，拍摄模式选择光圈优先，并使用较小的光圈。没有光圈优先的相机，可使用风光模式，注意拍摄时关闭相机的自动闪光灯，避免在拍摄过程中闪光灯自动开启造成的拍摄失败的现象。

❶ 焦距12mm　　光圈F7
快门速度1/120s　感光度100

重要步骤与相机设置

1 在云海占据了画面的大部分面积时，应适当安排一些前景或背景作为视觉兴趣点，这样才不会让画面看起来很平淡。

2 为了能更好地表现出云海的轻拢漫涌和立体层次感，拍摄者应当注意光线的选择。可以选择逆光和侧逆光进行拍摄，这样就会让画面呈现出一定的影调对比。

3 运用曝光补偿时一般遵循"白加黑减"的原则。在白色物体占画面的大部分时，要增加曝光量，一般以增加1~2EV为宜。

↓ 画面增加1/3的曝光补偿，使白云的质感更真实，与平日相比显得与众不同。山峰被淹没在云海里，只剩下几个峰尖。拍摄者为了让拍摄出来的画面更加暖色调，在拍摄时使用了阴天白平衡模式

◉ 焦距	✿ 光圈	〰 快门速度	ISO 感光度
32mm	F22	1/160s	100

↘ 灵活设置白平衡增强氛围

常说相机是我们的"第三只眼睛"，可是，在色彩的还原能力上，相机是不能与我们的眼睛相比的。所以，我们常常会发现，所拍摄出来的照片同真实画面的色彩存在着一定的差异。为了减少色彩带给照片的不足，在拍摄时可以通过"白平衡功能"来适当调节相机的光线颜色。

在白平衡模式设置中有多种模式供大家选择，拍摄者应该掌握各种白平衡模式的特点，从而在拍摄时更好地运用白平衡来还原画面色彩和烘托画面的氛围。

重要步骤与相机设置

1 云海是比较浅淡、轻柔的，在画面中色彩颜色会较为单一。在拍摄时，为了丰富颜色增强效果，可以选择调节白平衡模式来达到拍摄者的预期效果。

2 在拍摄云海时，拍摄者可以根据自己想要的效果来设置白平衡模式。若希望画面的色调是冷调，可以选择使用荧光灯或钨丝灯白平衡；若希望画面为暖调，可以选择使用阴影和阴天白平衡来调节画面。

↑ 云海在阳光的照射下，与平日相比显得与众不同。山峰被淹没在云海里，只剩下几个峰尖。拍摄者为了让拍摄出来的画面更加暖色调，在拍摄时使用了阴天白平衡模式

◎ 焦距	✦ 光圈	〰 快门速度	ISO 感光度
170mm	F13	1/1200s	100

延伸学习

到自然环境中拍摄

色温是指物体在一定温度下呈现的色彩，物体在绝对零度时是纯黑色的，当物体受热后会开始发光，其色彩先变成暗红色，若继续加热会变成黄色，然后是白色，最后是蓝色。总的概括来说就是：色温越高，色调越冷，颜色越偏蓝；色温越低，色调越热，颜色越偏红。

高色温 ⟵⟶ 低色温

❶ 不同色温下的色彩变化

3.3 造型各异的石头

一些造型怪异的石头在部分人眼里会被认为是毫无美感，因为，石头的质地坚固、外表粗糙、体积大，不能随意摆放拍摄位置。

但是，外出拍摄时，当你发现有奇形怪状的石头出现时，一定不要一晃而过，而要停下你的脚步，从不同的角度用眼睛去观察石头，有可能你会从观察中发现石头不为人知的美丽一面。

↓ 寻找反差大的背景作为石头的衬托

将石头作为拍摄的主体时，拍摄者不需要太过于追求背景的画面感，只需要寻找作为主体拍摄物的石头自身的最佳形态，用石头的形态来表达整个画面的感觉。

石头奇形怪状的形态在画面中已经能够产生出足够的律动感，所以在拍摄时，拍摄者不需要复杂的背景，只需寻找一些颜色较为单纯，与石头有反差的物体作为前景，如树林、花海、天空、水面等。

重要步骤与相机设置

1 选择较为单纯、简单的物体或天空作为背景，在环境光线不复杂、光线亮度反差不大的情况下，可以使用评价测光模式。

2 很多拍摄者在选择拍摄角度时，常常会随意拿起照相机进行拍摄，而忽略了拍摄角度的重要性。大家在拍摄时要寻找出合适的拍摄角度，这样才不会导致画面极其平淡无味。

3 将石头作为主体拍摄时，在画面中要选择合适的物体作为陪衬。这时，拍摄者应当注意画面的构图。

▲ 在阳光的照射下，造型独特的石头挺拔矗立在沙滩上。拍摄者通过斜侧光光位，拍摄出了石头独特的造型，而且简单纯色的沙滩作为石头的背景，更突出了石头的轮廓美

◉ 焦距	✳ 光圈	≋ 快门速度	ISO 感光度
35mm	F16	1/500s	100

▎单反达人经验之谈

在拍摄中应当注意画面的构图，因为一张好的照片需要有良好的空间感和层次感。拍摄时，通常会有近景、中景、远景，如果能将3种景致合理地安排在画面中，那么就可以有效地增强画面的空间感和层次感。除了这3种景致外，若还能增加一些与画面相呼应的前景，则更能丰富画面内容，使画面具有更强的表现力。

远景

中景

近景

↘ 耐心等候光线变化拍出石头独特的美

以石头作为主体景色时，光线是一个能让作品发光发彩的重要元素。光线与石头的结合能在画面中找到光与影交错的美妙感，从而很快地抓住观者的眼球。

为了拍摄出这样的照片，关键在于对光线的选择以及对光线高度和方向的控制。在摄影中，直射光线具有很明确的方向性，能使被摄物体形成强烈的明暗对比和景物投影，这些投影对拍摄出光影交错的画面提供了条件，通常选择造型效果突出的侧光或侧逆光作为主要光线，以表现画面。

重要步骤与相机设置

1 选择造型独特并具有美感的石头作为被摄物。

2 选择侧光或者侧逆光来表现石头的轮廓之美。在这两种光线下，能拍摄出石头的独特造型，还能使画面具有强烈的光影效果，产生强烈的视觉冲击力。

3 在选择被摄物和拍摄光线以后，应该注意相机的测光操作。由于直射光线下的景物有很明显的反差，所以拍摄者可以选择点测光或者局部测光模式。在测光时，将测光点选择在拍摄环境中的高光处，测光完成后按下曝光锁定按钮，再进行构图并完成拍摄。

▌卡片机怎么拍

卡片机较为轻便，在旅游登山过程中不会耗费摄影者太多的体力去携带，这就保证了摄影者有足够的精力完成最佳的构图，这是它的优点所在。

但卡片机的镜头焦段较短，摄影者在构图时不能随心所欲地改变焦距，这就要求摄影者要根据相机的实际情况选择合适的拍摄地点，一般来说，最好不要距离主体太远，要将画面主体控制在卡片机光学变焦的范围内。

⊖ 焦距28mm
光圈F11
快门速度1/64s
感光度200

 ↓ 在侧光的照射下，画面中的石头美丽动人。本是静态的石头因为光线的作用产生了阴影，石头与其影子一动一静的组合为画面赋予了活力

◉ 焦距	✦ 光圈	〰 快门速度	ISO 感光度
28mm	F9.5	1/128s	100

↑ 在画面中，明显可以看出拍摄者选择了一个制高点来拍摄，这样才会将广阔的山脉收入到相机中。而拍摄者在拍摄背景山脉的连绵开阔时还选择了一个有色的山峰作为前景，让前景和背景形成对比。而画面中的光影运用更让画面美轮美奂

焦距	光圈	快门速度	ISO 感光度
160mm	F14	1/40s	100

3.4 视野广阔的全景风景

在风光场景的拍摄当中，为了能很好地将场景的广阔辽远用相机表现出来，拍摄者在选择拍摄这种大场景时，都希望将景致全部框在取景器里。

一般人都会以为全景风景是比较简单的拍摄方式，认为全景风景可以让人拿起相机随便拍就能有好的效果，可是像这种看似简单的拍摄，其实更加考验拍摄者的技术和对镜头的把握。

↘ 选用手动曝光营造不同的画面效果

全手动曝光是一种可以由摄影者任意对相机的光圈大小和快门速度进行自由组合的曝光方式。手动曝光模式的操作虽然比其他曝光模式复杂，但却可以更加自由地实现对光圈、快门的组合，在光线较为复杂的场景下，有着不可替代的作用。

对于已经有了一定经验的摄影爱好者而言，手动曝光模式是值得花费精力去摸索、掌握的。而且手动模式是适合摄影个性化表现的有效方式，只要勤思多练，其操作也是很容易上手的。

重要步骤与相机设置

1 选择光比较大的场景拍摄，拍摄出来的画面会别有一番韵味。

2 用手动曝光模式拍摄，拍摄者可以用点测光对画面中最亮的部位进行测光。然后拍摄者自行设置适合拍摄的光圈值和快门速度，并搭配ISO100的感光度来保证画质，从而达到拍摄者所需要的效果。

3 根据当时拍摄场景的情况，可以有意提高或降低曝光值，使画面表达拍摄者的思路。

↑ 在画面中，能明显看到较大的明暗反差。而这种强烈的反差感不仅没有破坏画面的美感，反而为画面赋予了一种深度，让人不禁细细品味

◉ 焦距	✵ 光圈	〰 快门速度	ISO 感光度
95mm	F10	1/400s	100

↘ 使用中长焦镜头避免透视畸变

　　拍摄视野广阔的全景风景时，为了追求透视好、视野广阔的全景风景，拍摄者不会太注意透视畸变的问题。透视畸变是因为使用广角镜头并使用较高、较矮的机位造成的。对于失真问题可以用中长焦镜头来避免，但是需要退到很远才能得到相似的构图。若拍摄者必须使用广角镜头，那么就要控制好机位。

重要步骤与相机设置

1 在合适的距离对被摄体进行构图，使用中长焦要选择合适的机位让被摄主体得以突出。

2 在选择测光模式时需要注意，如果光比大要用点测光模式，如果光比小，可以使用中央重点平均测光模式。

3 使用光圈优先模式拍摄，在拍摄风景时根据场景需要设置较小的光圈。

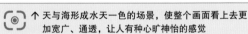

↑ 天与海形成水天一色的场景，使整个画面看上去更加宽广、通透，让人有种心旷神怡的感觉

焦距	光圈	快门速度	感光度
16mm	F11	1/250s	100

延伸学习
广角镜头的透视畸变

　　广角镜头透视畸变最主要的特点是桶形失真。而这种失真除了镜头引起之外，也是由于透视引起的。这种透视最大的特点就是"远小近大"，而且越是广角这种特点越明显。若拍摄者利用广角镜头拍摄特写肖像，被摄对象的鼻子与面部等器官相比，会显得出奇大。但是，广角镜头的透视畸变不能说完全是缺点。当拍摄者想让画面有夸张效果时，可以利用广角镜头的这一特点得到一种特殊的视觉效果。

◆ 佳能24mmF/1.4广角镜头

↘ 注意构图使画面具有层次感

　　全景风景的拍摄在构图时，由于画面中会出现很多景物，如果在构图时不加以考虑和安排，画面会显得较为杂乱无章，所以此时必须有所取舍，要对画面做相应的精减。

　　对于风景摄影，构图的好坏可以决定拍摄出来的画面效果的好坏。不仅要使用书本上的构图知识，而且更需要灵活运用学到的构图知识让杂乱的画面变得井井有条、主次分明，使画面具有好的透视感的同时，还具有强烈的层次感和表现力。

重要步骤与相机设置

1 除了主体外，寻找与主题相符的前景和背景，用3种景致勾勒出富有立体感、层次感的画面。

2 拍摄有层次感的风光场景时，可将测光点放在主体上，选择点测光模式进行拍摄。对于光圈的选择，则应该选择小光圈，从而保证清晰度。

↑ 在这幅画面中，拍摄者不仅利用树枝作为前景，还利用水面的倒影作为亮点点缀画面。虽然进入这张画面的景色元素很多，但是画面并不杂乱，让人感受到了拍摄者的用心

焦距	光圈	快门速度	ISO 感光度
73mm	F32	1/12s	50

▌卡片机怎么拍

　　拍摄全景风光时，拍摄者可以利用相机的风光模式拍摄，这样能得到最佳效果。

　　拍摄者应当注意画面色彩的搭配和前后景致的选择。在色彩上应该注意颜色与颜色之间搭配的和谐性，而在构图上，不能让环境景物"抢"了主体景物的光彩。如果注意了这些问题，同样能拍出视野开阔的全景风景图。

● 焦距12mm
光圈F5.6
快门速度1/2500s
感光度100

3.5　神秘圣洁的雪山

圣洁的雪山在大自然中是一方净土，人们总是想去征服它，但是雪山的神秘莫测总是让人们停下向前的脚步。正因如此，雪山将它的神秘感带给了人们。

自古以来，雪山以它的灵气令古往今来的文人墨客们折服，而雪山丰富的底蕴、悠久的历史文化和无数动人故事、典故及传说令人们陶醉。

↘ 增加曝光补偿表现白雪

雪山散发出来的灵气不仅让人们体会到了它所带来的神秘感，还用颜色告诉人们它是圣洁不可冒犯的，雪山的白色让人们对它产生了又爱又恨的情感。

当白色占据画面中的绝大面积时，由于相机内测光表是以18％灰为测光基准，拍摄出来的画面雪景会偏灰，这时必须使用曝光补偿来修复。

延伸学习

在平时的一些报纸杂志上，大家可以看到一些基调为蓝色的雪景。在雪景中运用蓝色的基调很能吸引观者的眼球。为了到达这种效果，拍摄者可以利用白平衡功能来进行调节。拍摄者将拍摄模式设置为荧光灯白平衡，可以得到一幅具有神秘感且冷调感十足的画面。

❶ 白平衡设置中的荧光灯模式

↘ 在拍摄这张穿过云海的雪山图时，增加了1/3EV曝光值并选择了荧光灯白平衡，从而达到了蓝调的色彩和明朗的画面

◉ 焦距	✹ 光圈	≋ 快门速度	ISO 感光度
320mm	F16	1/300s	100

↘ 恰当使用偏振镜消除雪的反光

雪山的高度使它成为最接近天际的地方。在天与地相接的地方，它不仅接受着地气，还是最能接受阳光洗礼的地方。当阳光洒满大地时，雪山已经在第一时间感受到了太阳对世间万物的爱。

雪山上堆积的白色积雪在阳光普照时会产生强烈的反光。这些反光不仅会对人的眼睛造成伤害，也会对我们的镜头造成伤害，所以需要选择偏振镜来消除雪山所带来的反光。而在使用偏振镜以后，会降低两级曝光量，这时拍摄者应该适当地增加曝光量。

▌单反达人经验之谈

在寒冷的地带拍摄时，不仅要注意人自身的保暖，还应当注意相机的操作与保护。一般的单反相机能承受−10℃~40℃，但如果低于−10℃，应该采取一些措施保护相机。

在−10℃的情况下拍摄，应优先考虑选择中高级的机身，其次是为机身和镜头准备一个防寒套。在雪地中还应当对电池进行保暖，因为雪山天寒地冻的天气会降低电池的储备力，所以在使用一个电池时，需把另一个后备电池揣在怀里保暖，以备随时更换。

❶ 专门装相机的双肩包

↑ 满山的白雪都是由一粒粒透明的晶体堆积而成的，在侧光的照射下，堆积形成的雪山富有层次感，同时雪山更具有质感、更加突出

◉ 焦距	✹ 光圈	▨ 快门速度	ISO 感光度
160mm	F11	1/250s	50

重要步骤与相机设置

1 在拍摄时选择光圈优先模式拍摄，搭配小光圈保证画面有较大的清晰范围。

2 身处雪山之中时，拍摄者可以选用侧光和前侧光来表现具有质感的雪山。而在这两种光线下，拍摄者可以搭配点测光进行测光，从而使画面得到正常的曝光。

3 拍摄雪山，拍摄者可以使用偏振镜来消除雪山所带来的反光。在使用偏振镜时一定要注意，在通过取景器观看消除反光效果时，旋转偏振镜的方向必须与安装滤镜时旋转的方向一致，否则可能会因为反方向旋转使偏振镜掉落在地上摔坏。

3.6　广阔荒芜的沙漠

在古诗词当中，广袤无垠的沙漠常常被诗人们作为创作的对象。在摄影当中，摄影者们亦是如此，对茫茫戈壁情有独钟。

拍摄广阔无际沙漠的人很多，但真正想要拍出富有美感而又不乏味的沙漠景致，应当在拍摄的时候注意一些拍摄细节。

↘　选好光线拍出细腻如皮肤的沙漠

沙漠是寸草难生的地方，在拍摄时较难找到合适的小景，所以应该寻找有曲线线条、表面平整光滑的沙漠作为主体景物。

为了不让拍摄出来的沙丘缺少层次、立体感，拍摄者应当选择45°侧光，因为这种光线最能表现出沙漠如肌肤般的细腻，而一些时候侧逆光也是不错的选择。

> ↘　因为沙漠人迹罕至，总带给人一种荒凉、冷酷无情的感觉，但是这张照片却将沙漠深藏的柔情与妩媚完完全全地体现了出来

◎ 焦距	✺ 光圈	〰 快门速度	ISO 感光度
350mm	F22	1/100s	100

重要步骤与相机设置

1　选择光圈优先模式拍摄，同时搭配ISO100的感光度来保证画质的细腻。

2　在找到好的场景后还应寻找合适的光线，拍摄时可以选用前侧光、侧逆光来表现沙漠的细腻和质感。

3　为了更好地达到光影交错的效果，使用点测光模式对准沙漠中最亮的部分进行测光。

▌ **卡片机怎么拍**

在沙漠中，如果拍摄者是使用卡片机进行拍摄，一定要选择合适的拍摄对象和正确的光位，这样才能拍摄出拍摄者脑中所想的效果。

对于拍摄对象的选择，拍摄者应该寻找具有流畅线条、表面光滑而且形状美丽的沙漠。除了要选择好的拍摄对象外，还应该选用45°的侧光和侧逆光这种正确的光线来拍摄沙漠，然后再搭配较低的感光度，从而拍摄出效果较好的沙漠风景照片。

◉ 焦距8mm

光圈F7.1

快门速度1/300s

感光度100

↑ 在阳光的照射下，沙漠表现出与以往不尽相同的流线型线条，让这个画面看上去更具有动态感

焦距	光圈	快门速度	ISO 感光度
161mm	F32	1/30s	100

↘ 注意构图表现沙丘的完美线条

　　沙漠因为雨水少，生命物种少，经常有大风肆虐，因而有"荒沙"之称，正因如此，很少人会踏足茫茫沙漠。

　　可是他们却不知，在天空的映衬下，沙漠散发着一种说不明、道不清的神秘气息。拥有这种神秘气质的苍茫大漠，用自身的轮廓勾勒出了一个又一个节奏感十足的场景。

重要步骤与相机设置

1 为了彰显沙丘的完美线条，拍摄者应该尽量选择轮廓线条明确的沙丘作为拍摄主体。用沙丘的线条贯穿画面，让画面有韵律感的同时又形成丰富的影调层次。

2 充分利用光与影的关系，让沙丘形成非常明显的明暗反差，刻画出沙丘的轮廓形态和立体感。

3 使用光圈优先模式拍摄，尽量将光圈调小，使用点测光模式拍摄。

延伸学习

　　注意相机在野外最怕风沙，卡片机也不例外。沙漠中的微尘无孔不入，会给相机带来一定的损害，最好的办法是在拍摄完成后迅速收起镜头并放入相机包当中。

　　另外，一天拍摄下来尽管精心保护，相机中也难免有微小的沙粒。所以出行前准备一支镜头笔和气吹是十分必需的，拍摄完毕之后必须使用这些小工具对数码相机的机身和镜头进行清洁。

❶ 数码相机清洁工具

↑ 拍摄者利用光影为画面带来了看点。拍摄者选用了侧光光位进行拍摄，这样不仅能拍出沙丘的质感，还能将沙丘的线条通过阴影表现出来，使整个画面具有立体感和动感

焦距	光圈	快门速度	感光度
100mm	F32	1/10s	50

3.7 唯美的日出日落

早晨和黄昏是进行摄影比较好的两个时间段，因为这两个时间段无论是光线还是色彩都能给自然风光较为完美的诠释。而这两个时间段最具有代表性的景色就是日出与日落，但是日出和日落的时间是非常短暂的，所以必须在拍摄前做好充分的准备工作。

↘ 利用前景营造深远感拍出日出之美

清晨充满希望的日出是短暂又具有美感的。如何留住那一瞬即逝的美景，是拍摄者需要学习和总结的。

朝霞天气下的日出是最为明显的，为了能很好地感受到日出洒下的希望，在拍摄中，拍摄者可以因地制宜地选择一些与这个场景相符的景物作为前景出现。合理地运用前景能为整幅画面营造出一种深远的美感。

重要步骤与相机设置

1 拍摄日出，要在天亮之前找好拍摄位置。

2 在太阳升起之前，天空边际会渐渐出现一个相对最红、最亮的区域，那里大致就是日出的具体范围，拍摄者可以根据这一范围进行构图，选择相应的前景，避免错过拍摄日出的最好时机。

3 拍摄初升的太阳要注意曝光量，使用点测光模式。要想保持画面的暗调，可直接对太阳测光，如果希望画面中的太阳较为耀眼，可对太阳周围的天空测光。

> **▌单反达人经验之谈**
>
> 拍摄晨昏场景时选好白平衡模式尤为重要，为了拍摄出浓郁暖调的日出效果，需要调节白平衡模式来到达拍摄者所想的效果。在这儿使用白平衡并不是为了还原日出色彩，而是让色彩的表现更浓烈。此时，最简单、快速的方法就是将白平衡模式设置为阴天白平衡模式。

↑ 在这幅画面中，拍摄者利用逆光光位将山脉的剪影作为前景来衬托日出时太阳探出头来用光芒照耀大地的美丽场景

⊙ 焦距	✳ 光圈	▨ 快门速度	ISO 感光度
35mm	F13	1/83s	125

↘ 使用RAW格式控制色调表现满天的彩霞

当太阳悄然移向地平线，宁静祥和的黄昏时刻便随之来临。在太阳慢慢移向地平线但还没完全被地平线遮盖时，它的光亮依旧可以照射到天边的云彩上，将云彩和天空染成深深浅浅的橙黄色，这样美丽如画的景色怎能不让人为之动容。

摄影者在拍摄晨昏时分的彩霞的时候，因为曝光不容易控制，所以拍摄者可以使用RAW格式拍摄，这样在后期调整的时候更加方便，为后期预留了更多的发挥空间。

重要步骤与相机设置

1 采用RAW格式拍摄彩霞，拍摄出来的文件并没有白平衡设置，真实的数据不会改变，拍摄者可以在后期任意地设置和调整白平衡，从而得到自己想要的画面效果，同时图像质量也不会损害。

2 云彩在拍摄中是自然的反光物体，能反射或者折射太阳的光芒，因此会不断地产生动人的景象，而有意识地对画面进行创新构图可将千变万化的彩霞收入画面中。

▌卡片机怎么拍

对于卡片机来说，最为重要的是选择画面的构图，好的构图能为整幅画面加分。在黄昏日落时拍摄，拍摄者可以在卡片机的场景模式中选择黄昏日落模式进行拍摄，这样既能真实地还原色彩，还能拍摄出让人满意的画面。另外，还应该找好固定物来稳定相机，从而有助于使画面清晰。

⊙ 焦距11.6mm　光圈F7　快门速度1/40s　感光度200

↑ 黄昏时刻，天空会被满天的彩霞遮住。五彩缤纷的彩色云霞将天空染上了绚丽的色彩，就像是穿上了一件新衣，美丽动人，让人为之感叹

焦距	光圈	快门速度	ISO 感光度
75mm	F9	1/60s	100

↳ 巧用太阳与景物的重叠拍出美好的剪影

日出和日落时段，太阳处于低角度位置，在这种角度上太阳的特殊光线不仅能将天空的绚丽多彩呈现出来，还能勾勒出景物美丽的轮廓。

拍摄剪影的时候，一定要注意太阳、景物和相机三者之间的位置关系。要尽量保持三者在一条光轴线上，让景物与背景太阳光出现重叠的效果，制造出别样的美景。

重要步骤与相机设置

1 太阳光照射在景物的背面，因为正面不受光，因此形成了明暗反差大的剪影画面。

2 拍摄美丽的剪影时，拍摄者可以将对焦模式设置为单次自动对焦模式，对画面主体进行对焦。如果在逆光下不易对焦，也可以用手动对焦模式。

3 在拍摄时，拍摄者需要选用点测光模式，对准背景阳光中最亮的部分测光，从而得到背景画面准确曝光、被摄物曝光严重不足的剪影效果。

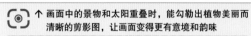

↑ 画面中的景物和太阳重叠时，能勾勒出植物美丽而清晰的剪影图，让画面变得更有意境和韵味

◎ 焦距	✳ 光圈	▤ 快门速度	ISO 感光度
50mm	F22	1/64s	100

延伸学习

测光表是用来测量光强度的工具，测光表分为手持测光表和相机内置测光表。手持测光表独立于相机之外，具有灵敏度高、精密性好的特点；内置测光表则接在相机内部，不需要另外携带，并且操作方便。内置测光表认定所有景物都是拥有18%反射率的中灰色，所以它测得的曝光值就是将取景器中的画面还原成18%中灰色所需要的曝光量。

手持外置测光表属于入射式测光，内置测光表属于反射式测光，在拍摄闪光人像时只能用外置测光表。

◎ 外置测光表

3.8 如纱似雾的溪流

潺潺流水在山间不尽地流淌，流水的余音环绕山间，让人久久回味。溪流和瀑布都是流动的水景，它们不知疲倦地蜿蜒流淌着，当垂直而下时会显露出轻盈美妙的姿态。看见流水这美妙姿态的时候，很多摄影者都希望用相机拍摄下来，而这样的画面在拍摄时必须注意以下两个方面。

↘ 画面中的流水已然不是一条溪流了，更像是一块干净透彻的丝布，在画面中显得那么轻盈和飘逸，让画面如梦境般亦真亦幻

⊙ 焦距	✷ 光圈	⧖ 快门速度	ISO 感光度
135mm	F20	1/15s	100

↘ 选用低速快门表现溪流柔美的动感

若山间缺少了流水，那么当你身处大山之中时，会发现大山失去了一些趣味性。

流水总是以很快的速度从我们眼前流过，但有时，我们并不希望拍摄出流水太强烈的动态感，而是希望拍摄出流水的轻盈飘逸，让流水表现出一种丝润如滑的感觉。为了让流水在画面中更为生动地展现出曼妙的一面，拍摄时拍摄者应当将相机的快门速度调慢，从而达到这种效果。

重要步骤与相机设置

1 将相机拍摄模式调整到快门优先模式，快门速度越慢，拍摄的水流越具有动感，水流的虚化程度越强。通常，可以将快门速度降至1/15 ~ 1s，甚至可长达几秒。

2 当拍摄者将相机的快门速度降低时，拍摄者需要选用三脚架来固定相机，最好用快门线开启快门。

▌单反达人经验之谈

重量较大的三脚架更能增加稳定性，但是我们在保持三脚架稳定的同时又希望外出拍摄时能减轻重量。如何才能平衡两者的关系呢？许多职业摄影师有这样一个诀窍，即在三脚架中轴的挂钩上吊挂重物，以便增加三脚架的重量。在重心处增加了重量，就能达到减少三脚架晃动的效果。

○ 三脚架
示意图

↘ 采用低角度仰拍不一样的流水

流水的形态是多种多样的，而每种形态的流水都是生动具有美感的。流水不只是静静的流过，它会根据山间地势的起起伏伏而奏出清脆嘹亮的动人乐章。

因为地势的关系，造就了不同形态的流水。对于不同形态的流水，拍摄者应当选择不同的拍摄角度去诠释流水的美。

重要步骤与相机设置

1 为了表现溪流的质感效果，将感光度调整为ISO100为宜。

2 在摄影当中，拍摄角度分为仰拍、平拍和俯拍3种类型。采用不同的角度拍摄不仅能诠释不同的场景，还能通过不同角度得到意想不到的效果。但是在拍摄水流时，需要选择低角度进行拍摄，因为低角度更能表现水流的动感。

3 将相机的拍摄模式调整为光圈优先模式，将光圈值调小以保证画面的景深范围扩大，使画面中的每个元素都能较为清晰地展现出来。

| 卡片机怎么拍

卡片机相对于数码单反相机，在携带以及操作上都具有一定的便捷性，如果利用卡片机拍摄水景，可通过液晶屏取景构图。

使用卡片机拍摄流水，可以选择光圈优先模式搭配最低的感光度，然后寻找固定点。若卡片机没有光圈优先模式，可以选用风光模式。在拍摄时还应该注意，如果要表现出如纱的质感应该选择天色较暗的时间段拍摄。

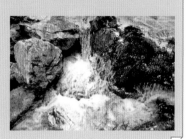

⊖ 焦距7.8mm
光圈F8
快门速度1/30s
感光度100

◎ ↘ 如纱般轻盈飘柔的流水从石头间轻轻滑过，不留下一丝痕迹。虽然流水被拍摄成了纱幔一般，但是整幅画面更具有动感，石头上散落的树叶也为画面增添了美感

◎ 焦距	◉ 光圈	〜 快门速度	ISO 感光度
32mm	F22	1/4s	100

3.9　汹涌澎湃的瀑布

　　在众多形容壮丽飞瀑的名句中，李白的诗句"飞流直下三千尺，疑是银河落九天"是最广为流传的佳句。这句诗很形象也很贴切地将飞瀑从高处垂直而下的场景形容得气势磅礴。拍摄飞瀑，我们喜欢用各种手法和角度去展现，但在探寻各种角度和运用各种手法拍摄的时候，一定要注意画面的清晰度。

↘ 选用高速快门凝固水流瞬间

拍摄水景时，我们所选的场景可大可小。大的场景可以拍摄一些气势宏大的飞瀑，小的场景则可以选择拍摄山间飞落而下的细流。

这时会有人提出疑问，应该怎样记录水流飞奔下来时的瞬间呢？最重要的就是控制好拍摄速度，使用较高的快门速度。

重要步骤与相机设置

1 快门速度的设定对于捕捉水滴的瞬间状态是很关键的。为了呈现水滴的动态，可以将相机的拍摄模式调整为快门优先模式，选择高速快门定格水流下落的瞬间。

2 为了抓拍水滴滴入水中的清晰画面，拍摄者首先要选择适合的水面，然后将快门速度调至1/200s以上，这样才容易拍摄出凝固的水流。

3 拍摄流水的时候，拍摄者需要寻找能衬托水滴细节之美的背景。而这样的背景需要与水面的颜色形成色差，这样才能衬托出水滴。

在这张画面中，运用高速快门捕捉瀑布所溅起的水花，让人有种身临其境的真实感

焦距	光圈	快门速度	ISO 感光度
105mm	F8	1/200s	50

延伸学习

拍摄者在拍摄瀑布时要注意，为了让画面中的瀑布看上去更加醒目，必须通过影调或者色彩与背景形成鲜明的对比，这不仅能让画面中的瀑布更为突出，也能抓住观赏者的视觉点，让观赏者对画面中的瀑布烙上深刻的记忆。

❶焦距30mm　光圈F18

快门速度1/200s　感光度100

↘ 用低速快门展现瀑布的动感趋势

因为大自然的神奇，大地被赋予高低不同、各种形态的地貌，流水在不同地势上起起落落，从而形成了奔腾不息的瀑布。

对于拍摄瀑布来说，除了能将瀑布拍摄出眼睛所看见的磅礴大气以外，还能将瀑布拍摄得如丝绸般动人。瀑布在这种动人状态下还能将其流动性很充分地表现在画面中。

重要步骤与相机设置

1 使用三脚架来增强相机的稳定性。

2 将相机架在三脚架之上，同时选择手动模式，再自行设置一个较慢的快门速度搭配一个较小的光圈值进行拍摄，以保证画面得到清晰且如纱般质感的主体形象。

3 为了降低快门速度，应选择最低的感光度，并使用减光镜。为了防止镜头接触到水滴，在地理环境许可的情况下，摄影者可以使用长焦镜头站在较远的安全地带进行拍摄。

▌单反达人经验之谈

无论拍摄什么样的画面，画面的高光部分都容易吸引欣赏者的视线而成为画面的重点。因此在拍摄过程中，可以将画面的主体安排在画面的亮部或亮部附近。在画面的构图中，前景是很重要的一部分，寻找出轮廓清晰、色彩鲜艳的线条作为前景可以让画面更加出彩。

○焦距109mm　光圈F29
快门速度1/4s　感光度100

◎↑ 拍摄瀑布不仅要真实地将其还原，还要展现出瀑布温柔的一面。在这张图中，拍摄者运用低速快门把瀑布拍摄得如纱般轻盈、柔美

◎ 焦距	✹ 光圈	≋ 快门速度	ISO 感光度
100mm	F22	1/10s	50

↘ 用仰拍表现瀑布雷霆万钧的气势

拍摄流动的水景无非有两种表现手法：展现水流如纱曼般的轻盈柔美或是展现飞瀑如万马奔腾般的宏大场面。

溪流、大海、瀑布等水景，它们在流淌或飞泻的过程中溅起的水花晶莹剔透，常会带给人激情澎湃的心理感受。如果希望将这样的场景用相机准确地记录下来，应该怎样做才能得到最佳的效果呢？

重要步骤与相机设置

1 拍摄者要想定格住瀑布一泻而下、惊雷震天的一刻，可以选择快门优先模式，将快门速度调至1/250s以上，只有较高的速度才能生动地记录下瀑布飞泻的状态。

2 为了将瀑布的磅礴大气展现出来，在拍摄时宜选用较低的角度仰拍。

3 选择晴天拍摄瀑布，不仅能够更好地展现其色彩和质感，还能使画面变得更加明朗。在拍摄时，拍摄者不一定要选择长焦镜头，而应当根据瀑布的地形及拍摄的远近距离来进行选择。

▋卡片机怎么拍

不论是白色还是其他颜色的瀑布，都形成了较为单一的色彩，为了让画面不至于单调，必须加入其他色彩的陪体来丰富画面构成。

绿色的植物、棕色的岩石及艳丽的各色花朵等都可以加入到画面当中，色彩可以更丰富，但是其所占的画面面积不宜过大，这样不仅能够以色彩对比衬托出瀑布的纯色，还能以动静对比带来更为自然动感的效果。

🔆 焦距6mm　光圈F8
快门速度1/10s　感光度100

↑ 用仰拍的角度在岩洞内拍摄飞流而下的瀑布。在高速快门和逆光的配合下，瀑布的水流变成透亮飞射的线条，画面的明暗交织以及水流的动势，使画面极具动感，光影也非常出色

🔲 焦距	✳ 光圈	▱ 快门速度	ISO 感光度
24mm	F13	1/200s	200

3.10 亦真亦幻的水中倒影

水是一种无声无色的透明物体，但是在外界条件的介入下，透过水景却能看到斑斓的色彩，这时你会感觉到，水在通过这些五彩的颜色告诉我们一些东西。

平静的水面具有很好的反光效果，如果拍摄者能够抓住水岸上景物反射到水中的影子就能够拍摄到一幅色彩鲜艳的水景照片。

↘ 利用倒影表现对称之美

想要拍摄出一幅色彩鲜艳的水景，很多时候是在拍摄五彩斑斓的水中倒影。想要拍摄出倒影颜色的丰富需要找到一处色彩鲜艳的主体，找到好的主体是拍摄水中成像的前提条件。

找到好的主体和色彩后，即可利用倒影和景物的对应来表现对称构图的美。

重要步骤与相机设置

1 选择使用光圈优先模式拍摄，在拍摄时需要选择较低的角度进行拍摄，从而增加倒影在画面中的内容。

2 摄影者应将测光点选择在实体山脉上，然后半按快门并开启相机的曝光锁定按钮，最后移动镜头到需要的构图效果进行拍摄，这样得到的画面倒影会略暗于实体，在相同中体现不同。

3 湖泊是个天然的反光镜，能呈现出以湖面为界的对称美。

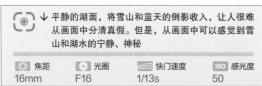

↓ 平静的湖面，将雪山和蓝天的倒影收入，让人很难从画面中分清真假。但是，从画面中可以感觉到雪山和湖水的宁静、神秘

◎ 焦距	✦ 光圈	≋ 快门速度	ISO 感光度
16mm	F16	1/13s	50

↘ 协调水面与天空的亮度

水中倒影是一种司空见惯的自然现象，在风平浪静时，水面犹如镜子一样，将岸上的景象一一映射在水中，使岸上和岸下浑然一体。

拍摄倒影一般是选择较为平静的水面，因为只有水平如镜的水面才能形成清晰、稳定的倒影。同时，光线的选择也很重要。

↘ 在这张照片中，我们看不见实体的树木出现在画面中，却能从水面中清晰地看见树木的形状和天空的颜色。虽说画面中只有树木和蓝天的倒影，但是拍摄者运用到了水边的石头，将石头既作为前景又作为实景出现在画面中，让画面一实一虚

焦距	光圈	快门速度	ISO 感光度
50mm	F20	1/15s	50

重要步骤与相机设置

1 选择拍摄倒影的最佳光线：逆光、侧逆光或散射光。

2 拍摄时，由于镜头很容易受到水面上杂乱的反射光干扰，造成不必要的杂光，所以需要在镜头前安装遮光罩。

3 天空或水边景物倒映在湖面，两者自身的亮度都较高，若不很好地控制曝光，协调好天空与水面的亮度，很容易出现曝光过度的现象。

▌单反达人经验之谈

当倒影映射在水面上时，水面明亮的反光往往会给拍摄者带来错觉，以为拍摄现场的亮度很高，其实事实并非如此。在拍摄单纯的倒影时，在对着水面重要部位测光后，一般需要增加1～2级曝光量，这样才能获得足够的曝光，从而照顾到画面的整体层次。

❶ 焦距125mm　光圈F11

快门速度1/400s　感光度100

3.11 清澈宁静的湖泊

在蓝天白云的映衬下，清澈的湖水有时犹如还在襁褓中的婴儿一样，静静地躺在大地母亲的怀抱里，在母亲的保护下，完全不受外界的干扰；有时又像一面拥有魔力的镜子，能真实、清晰地将世间的事物呈现出来。

湖泊有种能让人心气平和下来的力量，让人能寻找到在城市中失去已久的宁静。

↘ 调整色温来表现湖泊的冷暖色调

湖泊的宁静有时能让人感觉到一种无言的神秘感，当你身处这种环境当中时，会安静地体会到它所带给我们的静谧，而不愿去触碰它破坏掉那种宁静祥和的氛围。

为了营造出湖泊宁静祥和的神秘感，在拍摄时可以用自然景物自身颜色的冷调或暖调将其表现出来。如果拍摄者需要表现单一的冷调或暖调，可以用色温来调节画面的调子。比如阴影和阴天白平衡可以使画面变暖，而荧光灯和钨丝灯白平衡可以使画面偏冷色系。

重要步骤与相机设置

1 选用光圈优先模式进行拍摄，将光圈调至小光圈，从而保证画面有较大的清晰范围。然后相机要避开水面反射光最亮处测光，使用评价测光模式拍摄。

2 在拍摄之前，景物的选择可以根据拍摄者想要的冷暖色调来选择。如果希望画面是暖色调，那么拍摄者可以选择颜色偏暖的景物来占据画面的大部分；如果要拍摄出来的画面是冷色调，则选择一些偏冷色系的景物占据画面。

3 通过适度地调节色温，可以达到对画面的冷暖要求。色温越高，画面越暖，色温越低，画面越冷。

▌卡片机怎么拍

拍摄者在选择使用卡片机拍摄风光场景时，如果有光圈优先模式，可以选择光圈优先配合较小光圈，以保证画面的清晰。在光圈优先模式下，拍摄者还可以调节白平衡来达到所希望的色调，从而得到想要的画面效果。

❶ 尼康卡片机

❶ 佳能卡片机

↑ 虽然说画面中冷色系的湖水占据了大部分的画面，但是并不影响整张画面所带来的暖调气息。山脉的颜色大大地改变了画面的调子，形成了对比色画面

📷 焦距	⚙ 光圈	〰 快门速度	ISO 感光度
24mm	F20	1/49s	200

↘ 巧用光线和前景强化湖泊的宁静清澈

大自然中存在着很多物体，有些物体单独出现在画面中也不会失去其独有的韵味。有时，拍摄者拍摄单一的主体会使画面过于单调，若适当搭配不同的前景便可以使画面更加和谐。

如果想要表现湖泊的宁静，那么拍摄者就不能选择太强烈的光线。在顺光下，湖光山色与天空浑然一体，更为静谧；而逆光下，微风吹拂的水面表现出波光粼粼。这样拍摄出来的画面效果便有可能超越预期的效果。

重要步骤与相机设置

1 逆光和侧光能形象地将湖泊的形态、波浪线条等表现出来，而顺光不利于表现湖泊的质感及固有色。但在湖水较为清澈和低浅的时候，利用顺光拍摄不仅能清晰地将湖底的物体反映出来，还能通过对湖水的拍摄带来一种宁静祥和的感觉。

2 在不同的光线下使用不同的测光模式。在顺光情况下，拍摄者可以选择评价测光模式，在逆光情况下则可以选择点测光模式。

3 在画面中，寻找与画面整体相呼应、相配合的景物作为前景，因为这样的前景可以为湖泊带来一些宁静感。

延伸学习

拍摄湖泊时，镜头很容易受到水面上杂乱的反射光的干扰，造成不必要的杂光，所以需要在镜头前安置遮光罩。

遮光罩的选择也是存在技巧的。第一，选择遮光罩要符合镜头口径大小的型号；第二，在减少折射光线上，植绒的比不植绒的要好；第三，购买时要从最小焦段到最大焦段试一下，看会不会产生遮挡现象。

一些遮光罩为了照顾广角端，在中长焦端的遮光效果不明显，所以可以用手或深色的物体在遮光罩上面辅助遮挡。

⊙ 佳能EW-83H
遮光罩

↘ 在画面中，拍摄者在画面中安排了近景、中景、远景，为整个画面制造出景深感的同时还为画面制造出丰富的层次感。而画面中出现的石头、湖泊、倒影和山脉让画面气氛变得格外安宁和平静

⊙ 焦距	✦ 光圈	≋ 快门速度	ISO 感光度
28mm	F16	1/125s	100

3.12　水天一色的大海

　　站在岸滩眺望大海，看着大海与远天相接，犹如一块缓缓隆起的蓝色大陆，闪着琉璃瓦般的光泽，拓宽了茫茫无垠的空间。面朝大海，我们的心情会因为大海的宽广无边变得心旷神怡，把城市的狭窄、拥挤、嘈杂全都抛之九霄云外。拍摄者在拍摄大海时，一定要将大海的宽广和气势体现出来，否则画面会很平淡无味。

↘ 选择晴天表现海与天的色彩层次

　　海水是那样的蓝，时常让人分不清自己看见的是蓝天还是大海。

　　当天气放晴的时候，阳光洒射在大海上，由于海风的吹拂和海浪的汹涌，使大海的表面看上去波光粼粼，而且大海碧蓝、天空澄澈。但在晨昏时分，大海的表面犹如镀了一层金，闪闪发光，海的颜色不再是单一的蓝，色彩变得既丰富又有层次。

重要步骤与相机设置

1 选择合适的光线，如侧光或者侧逆光，因为这两种光线能更好地将大海的质感和颜色表现出来。

2 使用光圈优先模式拍摄，收小光圈以增加景深，尽可能扩大画面的清晰范围，然后搭配评价测光模式。

3 使用偏振镜去除海面上的反射光，使海水变得更加清彻。

▌ **单反达人经验之谈**

　　在海边进行拍摄时，需要注意防止海边潮湿的天气和盐分对摄影器材的损害。最重要的是应该将相机及时放入摄影包内，在摄影包内加干燥剂。更保险的方法是将器材先装入密封的塑料袋中，然后再放入摄影包内，这样就可以避免相机受潮所带来的影响。

↑ 在晴朗天空的映衬下，你会看见大海在太阳光的照射下色彩极具层次，由浅至深——呈现在画面中

◉ 焦距	✿ 光圈	〰 快门速度	ISO 感光度
40mm	F10	1/526s	100

❶ 为摄影包加装防水罩

↘ 巧用前景避免画面单调

顾名思义，前景就是主体物前面的景物，也是拍摄时离相机最近的景物，前景在画面中起到衬托主体的作用，可以使二维的画面具有三维立体感。

当画面中的大海比较单调、空洞的时候，可以运用场景中的景物作为前景来丰富画面，从而避免画面的单调乏味。

重要步骤与相机设置

1 选择前景时，最好选择与作品主体相呼应、相配合的景物，让前景与主体有一定的联系，这样的前景才能和主体的表达相一致，起到烘托画面氛围的作用。

2 在画面中加入前景时，拍摄者应该分清前景与主体之间的主次关系。在对焦时要对主体物对焦，并用小光圈来保证画面前后景致的清晰度。

3 在画面中使用前景，不仅可以营造出景深，还可以增加空间感，使二维的画面有三维的效果。

卡片机怎么拍

使用卡片机拍摄海平面时，由于是通过液晶屏取景构图的，一定要注意水平线与液晶屏上下平行，必要时可以使用三脚架来稳定相机，转动云台微调得到完美的水平线构图。

⊖ 焦距70mm　光圈F8
快门速度1/200s
感光度100

◉ ↘ 在茫茫的大海中，如果没有前景出现，画面会显得格外呆板无趣。所以拍摄者用枯树作为前景，使画面显得更有意境

◎ 焦距	✱ 光圈	▤ 快门速度	ISO 感光度
16mm	F8	1/526s	100

↘ 用广角镜头拍出海阔天空的感觉

　　大海和天空一样，都是一望无际、茫茫一片。向远处望去，海水和天空紧密相连，很自然地结合为一体。身处在这种广阔无边的景致中，我们会发现自身是那样微不足道和渺小。但是，这种广阔无边的环境能让我们的身心得到放松，从而心平气和地思考问题。

　　在这种景色中，不仅要体会它所带给我们的感受，还应当用相机记录下场景的美丽。

↓ 在这幅画面中，拍摄者利用广角镜头将大海的宽广和蓝天的无边表现得淋漓尽致，让画面的视野变得更加开阔，让流动的云层成为画面的点睛之处

◎ 焦距	✹ 光圈	▤ 快门速度	ISO 感光度
10mm	F5.6	1/3200s	100

重要步骤与相机设置

1 在拍摄天海相接这种广阔的场景时，拍摄者更加需要凸显海阔天空的感觉，对于镜头可以选择广角镜头。广角镜头的视野开阔，画面更加宽广，容易产生大场面，搭配ISO100的感光度能表现细腻的画面质感。

2 天海合为一体，画面的亮度也会增加，这时应该注意控制曝光量，以蓝色的天空为测光依据，从而获得正确的曝光值。

3 构图时要保证画面元素的简洁，明确主体，不要让画面中的其他元素抢了主体景物的风采，避免画面中出现喧宾夺主的情况。

延伸学习

焦距小于35mm的镜头即广角镜头。广角镜头由于焦距较短，所以具有景深较深的特点，适合拍摄宽广、需要景深效果的场景，如风景、建筑等。

广角镜头广泛用于大场景的风光摄影当中，这是因为使用广角镜头不仅能增强拍摄画面的空间纵深感，还能让画面有较深的景深，但是拍摄者需要注意避免使用镜头的最小光圈，防止发生衍射现象，影响画质。

ⓘ 佳能24mm F1.4广角镜头

3.13　翻滚拍打的海浪

海浪是一道不容错过的景色，因为有了海浪的不断跳跃翻滚，使本来恬静柔美的湛蓝海洋变得多姿多彩、生动有趣。海浪有时就像冲锋陷阵的队伍一样，鼓噪着、呐喊着，拍打着巨石，冲向沙滩。

当海浪不停地在海上翻滚时，岸上的拍摄者会情不自禁地捕捉海浪动人的姿态。

↘ 选用高速连拍捕捉海浪的完美形态

对于汪洋大海来说，海风就是它的呼吸，海浪就是它的心跳。没有了呼吸和心跳，那么大海也就失去了生命力。

当海浪凶猛地拍打岸上的巨石时浪花四溅，溅出了浪花的完美形态。想要捕捉到浪花的美丽，

需要使用高速快门定格浪花四溅的形态。

> ↘ 活跃的浪花肆无忌惮，汹涌地拍打着岸边的岩石，拍摄者用高速快门捕捉到了浪花朵朵四处飞溅的美妙形态
>
> | 焦距 | 光圈 | 快门速度 | ISO感光度 |
> | --- | --- | --- | --- |
> | 28mm | F8 | 1/512s | 200 |

▌单反达人经验之谈

学习摄影和学习其他学科一样，不仅需要先天的判断能力，更需要后天的经验积累，在这里为大家介绍风光摄影的几点经验：

（1）在拍摄流水、瀑布等景物的时候，如果拍摄环境中的景物过于单调或不太生动，不妨在环境中选择适当的景物来充当画面前景，让水景的画面变得更加丰富，从而制造出三维的立体层次效果。

（2）一般来讲，曲线与斜线比直线更能给画面带来动感，也更值得拍摄。因为曲线比直线更让人有探究感，更能抓住人们的视觉。

ⓘ 焦距95mm　光圈F11

快门速度1/200s　感光度400

↘ 使用手动模式获得最佳曝光组合

手动模式，又称为M模式，是将所有的设定全部交由相机使用者进行设置的一种拍摄模式。

手动模式可以说完全与全自动模式相反，其快门速度和光圈速度都需要拍摄者自己手动调节，相机会根据其测光情况提示曝光不足或过度等信息作为参考。虽然手动模式没有P、A和S模式方便，也不便抓拍，但是拍摄者可以自行控制曝光情况来表现自己的创意，是专业摄影者喜爱的拍摄模式。

重要步骤与相机设置

1 选用点测光模式对需要表现的重点区域测光，从而获得最佳曝光值。

2 拍摄者将拍摄模式调至手动拍摄模式，根据曝光值提示，设置一个符合自己需求的较亮或较暗的画面所需的曝光值。需要定格水浪拍岸可用较高快门值搭配合适的光圈，需要表现如纱幔般的水流，则可用较慢快门搭配较小光圈。

3 若想以慢速来拍摄，应该使用三脚架来稳定相机，然后配合快门线。

▌卡片机怎么拍

拍摄者在拍摄动态主体时，最好使用相机的连拍模式，连拍模式能尽可能多地抓住瞬间的精彩画面，这样才能有较高的成功率。

但用卡片机连拍海浪时，必须要有一个预测，选准时间按快门。因为卡片机的连拍速度不快，连续存储能力也不强，所以最好在预感到最佳画面将要到来之前按快门连拍。

❶ 连拍效果

↓ 在蓝天白云的映照下，白色的浪花不断地拍打着岸边，如孩童一般俏皮可爱。拍摄者利用手动曝光模式准确还原了浪花和蓝天，让两者在画面中显得非常真实

焦距	光圈	快门速度	感光度
19mm	F11	1/400s	100

3.14　神奇壮美的梯田

在风光摄影当中，人们对水景、山脉、草原、荒漠、日出日落等景色保持着一贯的喜爱。但是，自然的美是多姿多彩的，田野荒坡都可成为摄影爱好者们镜头下的主体。并且，摄影者们也在拓展视野，不断地寻求新的景致来表现奇妙的大自然，而梯田成为了摄影者们新的追求。

↓ 利用线条展现梯田的开阔大气

来到乡间我们最常看见的就是在山坡上开辟的农田，这些层层叠叠的梯田在色彩、形状和大小上各异，但是在天空的映衬下显得格外美丽。而梯田自身所展现出的线条感更能表现出开阔感和生气，因为这些线条能让人们对画面有一种无限延伸的感受。

重要步骤与相机设置

1 使用广角镜头表现宽广的视野。

2 在构图时，需要注意梯田的走向以及组合形式，不可以让画面看上去杂乱无章。

3 在云雾飘渺的雨后和白云飞渡的晴天是拍摄的好时机，因为能将梯田的颜色和线条造型很好地反映出来。

↑ 在晴朗的天空下拍摄梯田，更能表现梯田明艳的颜色。而通过这些亮丽的颜色，可以在画面中表现出丰富的层次感

焦距	光圈	快门速度	ISO 感光度
22mm	F16	1/200s	100

> ↑ 拍摄者压暗了画面的亮度，让层层梯田的颜色暗下去，从而突出画面中央的一抹亮光，而这小面积的亮调让整幅画面更具有生气

焦距	光圈	快门速度	ISO 感光度
200mm	F16	1/80s	100

↘ 使用小面积的亮调让画面更具生气

对于画面调子的选择，大多数拍摄者喜欢用亮调来表现整个画面。殊不知，如果画面中的亮调不是很有特色反而会使画面没有吸引力。拍摄者应该尽力寻找一些局部光线，让局部光在暗调的画面中成为亮点，使画面表现出更加深邃的意境和勃勃生机。

重要步骤与相机设置

1 选择晨昏光时段拍摄，使画面色彩更具温暖感。

2 使用光圈优先模式拍摄，将光圈调至小光圈，以保证画面景深。

3 为了拍摄出好的画面，拍摄时利用点测光对准画面中最亮的部分进行测光，从而得到准确的曝光。

4 使用ISO100的感光度保证画面的清晰，如果速度较慢，要使用三脚架辅助拍摄。

3.15　洁白的冰雪世界

春、夏、秋、冬4个季节，每个季节都拥有属于自己独特的美丽，而这种美丽是其他3个季节无法代替的。当我们的脚步慢慢地跨向冬季时，冬日里独有的白雪皑皑的景致就会慢慢地映入我们的眼帘。虽说冬季寒风瑟瑟，但是当它银装素裹着出现时，你会将之前对冬日的不满都抛之脑后。

↳ 运用侧光和侧逆光表现冰雪的质感

当冬日里的飞雪铺满大地时，你应该有意识地用相机去记录下这个时刻。冰雪世界是白茫茫的一片，很难有立体感和层次感。当画面过于平淡、单调时，可以利用光线增加冰雪世界的立体感。

人们对于具有阳光质感的画面充满了强烈的好奇心，它能吸引我们去寻找、去观察。

重要步骤与相机设置

1 在直射光的天气下，摄影者根据环境的需要选择光线的角度，保证以侧光和侧逆光照射主体景物，雪景最好有一定的形态，这样画面才会具有立体感。

2 当采用侧光和侧逆光拍摄时，能将雪景的质感最充分地展现出来，这时最重要的就是要保证画面的曝光准确。

3 选择点测光模式对准雪块最亮的部分进行测光，然后回放液晶屏，观察曝光是否合适，如果不合适再适当进行曝光补偿。

4 如果对曝光不太好把握，或者是拍摄较重要的景观，可以使用包围曝光，尽量保证作品曝光准确。

延伸学习

在拍摄时，拍摄者可以利用阴影来表现画面的纵深感和立体感，有时还可以把阴影作为画面的表现点。在拍摄时拍摄者要有足够的耐心，等待最美的影子出现。首先要注意把阴影安排在画面中的哪个位置，如果想把阴影作为画面重点，一定要选择轮廓清楚、形态漂亮的阴影作为被摄体。其次要注意影子和环境的明暗对比关系，拍摄者可以把光影线条看做是画面中的线条进行构图。

◯ 焦距20mm
　光圈F22
　快门速度1/200s
　感光度100

◉ ↳ 拍摄者选用侧光光位进行拍摄，生动、真实地将积雪的质感表现在画面中

◎ 焦距	✹ 光圈	≋ 快门速度	ISO 感光度
16mm	F22	1/160s	100

↘ 用白平衡拍出蓝调雪景

当冬日来临时，大自然似乎忽然间失去了原本生机勃勃的朝气，脱去了五颜六色的外衣穿上了白色的银装，一瞬之间进入了银装素裹的冰雪世界。

在现实生活中，人们所看到的雪景都是白色的，而且白得很干净、很透彻。但是我们经常会在画报或杂志上看到蓝色的雪景图片，这种蓝色调子的画面总是具有一种既冷又酷、既宁静又神秘的美感。这种蓝色调子的雪景是怎样拍出来的呢？

重要步骤与相机设置

1 要让画面产生蓝色调的冷调氛围，最简单的方法就是选择相机内置的荧光灯白平衡模式进行拍摄。

2 拍摄者应该选择一个合适的场景进行拍摄，而场景最好选择不完全被阳光所照射的，而是有一定阴影的环境。

要选择较早的时段去拍，这样更容易产生蓝色调。

↓ 这幅照片中所呈现出来的蓝调子是因为拍摄运用了荧光灯白平衡模式，而这种蓝色的调子不仅凸显了雪景的安静和荒凉，还很耐人寻味

◎ 焦距	❈ 光圈	☰ 快门速度	ISO 感光度
100mm	F8	1/120s	100

3.16 一望无垠的草原

辽阔无际的草原为大地带来了无限生机，当人们置身于一望无际的草原之中时，会感受到草原带给人的宁静以及清新。草原用它的美凝聚着我们的目光，牵动着我们的情思，让我们无法将自己的身体从这绿意盎然的情景中抽离。在天苍苍之下，印证着我们的渺小；在野茫茫之中，见证着我们追寻自由的流浪。

↘ 利用横向线条拍出草原的静谧

久居在嘈杂喧闹的都市中的人们早已被压得透不过气来，这时，人们对沃野千里、绿意盎然的大草原就会有着无尽地向往和追求。用草原的静谧可以满足人们身心上久违的安宁。

对于草原的拍摄，横向线条起着重要的作用，可以将画面无限延伸，很准确地将草原的辽阔和宽广表现出来，让人们从拍摄出来的画面中看到广阔无垠的草原。

⊙ ↓ 拍摄者运用侧光在画面中分割出了一条地平线，这条明显的地平线不仅展现了大草原的宽广，还通过光影表现出草原安宁、静谧的状态

◉ 焦距	✿ 光圈	〰 快门速度	ISO 感光度
135mm	F5.6	1/640s.	100

重要步骤与相机设置

1 要注意场景中由光影产生的横向线条，这是因为选用侧光光位的缘故，光影一样可以作为画面的主线条产生重要作用。

2 拍摄者需要充分考虑利用草原自然的横向线条，用横向线条分割画面，表现出草原的辽阔、静谧。

3 拍摄草原，拍摄者可以使用光圈优先模式。在拍摄时，如果当时的光位是顺光，那么可以使用评价测光模式；如果当时的光位是侧光，那么需要使用点测光模式，对准亮部测光。

延伸学习

在草原中，拍摄者可以利用光影和大自然的天然地形寻找出草原中存在的横向线条。

当光位是侧光的时候，拍摄者可以观察到，草原上会因为光影原因出现横向线条。拍摄者就可以利用这一点来展现草原的宽广，或者根据自然界天然形成的地形寻找出分隔画面的横线条。

⊙ 焦距400mm

光圈F14

快门速度1/200s

感光度200

↘ 利用牛羊的错落位置表现草原的纵深感

在辽阔无边的草原上放眼望去，你时不时会看见成群结队的牛羊在草原上自由自在地活动着，让人不禁会羡慕它们的悠闲、安逸。对于拍摄者来说，遇上草原上的牛羊是很幸运的，因为牛羊能为辽阔的草原画上点睛之笔。

拍摄者不仅可以用横向线条制造出草原的静谧，还可以利用草原上牛羊的错落位置产生一定的距离制造出纵深感，从而表现画面的空间感和立体感。

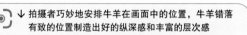

焦距	光圈	快门速度	感光度
16mm	F5	1/2000s	100

▌单反达人经验之谈

在拍摄局部光环境下的风光的时候，可以用中央重点平均测光模式拍摄。因为中央重点平均测光的测光面积一般以画面中央60%～75%为主，并加权四周光线，能适当兼顾主体与背景的关系，当拍摄主体物位于画面中央的场景时，测光会非常准确。但是如果局部光范围较小，那么就需要使用局部测光或点测光模式。

在局部光环境下拍摄时，也非常需要得到主体与背景都同时兼顾的画面，因此，在测光时同样可以运用中央重点平均测光模式。

ℹ 中央重点平均测光界面

↘ 增加吸引人的元素汇聚人的视觉焦点

如梦的草原是浑沌初开的风景，或浓或淡的色调具有诗画般的意境。在草原上驰骋万里会让你忘记方向、忘记时光、忘记神伤，在太阳的照耀下，让草原与阳光与你做伴。

在辽阔的草原上，拍摄者可以寻找一些有趣的元素，然后在拍摄构图时将这些元素放入画面中吸引人们的注意。

重要步骤与相机设置

1 在辽阔的大草原上寻找有趣的视觉点。拍摄者一定要注意，有趣的视觉点不一定是牛羊，还可以是其他事物，如草原上的牧人、茅草屋或者河流等，这样画面才能"跳脱"出来。

2 可以使用广角镜头取景，体现草原的宽广无边。

3 拍摄时使用光圈优先模式，将光圈调至小光圈，利用光圈控制景深，尽可能地扩大画面的清晰范围。

▌卡片机怎么拍

卡片机较为轻便，在旅游登山过程中不会耗费摄影者太多的体力去携带，这就保证了摄影者有足够的精力去完成最佳的构图，这是它的优点所在。在使用卡片机拍摄的时候，由于卡片机景深大，所以更需要注意画面元素的选择和裁剪。因为现在多数的卡片机都设有场景模式供拍摄者选择，拍摄者在拍摄大草原时可以选择风光模式拍摄，但是需要注意拍摄时画面是否水平。

◎↘ 在宽广的草原中，拍摄者利用草原中弯曲的河流作为吸引人的元素，汇聚人的视觉焦点。而且河流更为画面带来流动性，让画面看上去更具有动态美

◎ 焦距	✦ 光圈	▤ 快门速度	ISO 感光度
160mm	F13	1/200s	100

3.17 晴朗开阔的天空

当太阳从云层中探出头时，天空也随之放晴。在晴朗的天气下，洁白的云开始在天空中飘动，形成了不同的形状，在蓝色天空的映衬下显得格外纯洁美丽。这样一幅晴空万里又多姿多彩的画面，需要我们拿起手中的相机记录下来，让我们用照片说话，告诉人们晴朗开阔的天空是如何给人以舒畅的心情。

↘ 控制曝光表现蓝天白云

天空有时是那么蓝，蓝得连一丝浮絮都没有，像被过滤了一切杂色一样，熠熠生辉，让人禁不住会对眼前的一幕发出感叹。

拍摄蔚蓝的天空最害怕的就是出现曝光过度的现象，天空的高亮部分一定要具有细节，否则整体画面的美感会大大降低。

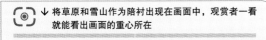

◎ 将草原和雪山作为陪衬出现在画面中，观赏者一看就能看出画面的重心所在			
◎ 焦距	⚙ 光圈	▤ 快门速度	ISO 感光度
28mm	F5.6	1/1000s	100

延伸学习

除选择平视角度和仰视角度之外，选择俯视角度拍摄大面积的云海也是比较常见的手法。站在一个制高点进行俯拍，能够让云层显得更为壮阔、美丽。

在高处拍摄云海时，拍摄者需要注意合理地安排前后景致，让前后景相互依托地出现在画面中。拍摄者还应该注意在拍摄时正确地表现天空、云海或远处的山势。

○ 焦距33mm
光圈F22
快门速度1/160s
感光度100

重要步骤与相机设置

1 用光圈优先模式拍摄，将光圈值调小，保证画面具有较大的清晰范围，同时搭配ISO100的感光度来保证画质。

2 以天空为主体时，拍摄者需要对蓝天测光，这样画面就不会出现过曝的情况。当云层较多时，需要使用点测光模式寻找画面中的天空测光。拍摄完毕后观察画面，如果云朵出现过曝的情况，拍摄者需要使用曝光补偿来降低一级EV值。

↘ 搭配低角度拍摄前景丰富画面内容

　　前景在摄影构图中是不可忽视的元素，它作为一张图的组成部分，能起到突出主体、增加照片空间感和深度感的作用。因此，在摄影构图中正确利用前景，可以使照片中的景物更加和谐、统一，从而使画面更富有艺术感染力。

　　在画面中增加前景的同时还可以搭配低角度拍摄，这样不仅可以使画面的内容丰富多彩，也会让主体天空更容易被表现出来。

重要步骤与相机设置

1 寻找与画面环境相呼应、相衬托的前景物体，让所安排的前景物体与创作意图融洽结合。而且要用低角度拍摄，这样才会将天空的大气、宽阔显现出来。

2 拍摄者可以选择光圈优先模式拍摄，并且选择小光圈以保证景深清晰。

3 如果发现快门速度较慢，需要使用三脚架来稳定相机。

▋单反达人经验之谈

　　当拍摄天空场景时，还可以选择天空中的流云作为主体进行拍摄。而具有特色的云彩分为很多种，拍摄者可以根据自己的需求进行选择。在晨昏时分，天空中会出现颜色浓郁的彩霞；而在晴空万里的时候，天空中会出现一定特点排列的云，这些特色的云彩将天空装扮得生动、美丽。

ⓘ 焦距16mm　光圈F22
快门速度1/25s　感光度100

↑ 拍摄者选择草地中的野花作为前景，从而让花儿和天空相互衬托，让天与地相互交融，让画面变得更加唯美

焦距	光圈	快门速度	ISO 感光度
10mm	F22	1/200s	100

↘ 利用地平线表现晴空万里

　　有地平线的地方一定是适合表现辽远阔大的地方，站在其中你会发现，天有多大，地就有多开阔，地平线就有多绵长。

　　在拍摄天空这种开阔的大场面时，可以运用自然界自身的元素来表达拍摄者的摄影意图。由于地平线自身带来的平稳感，会使画面看起来更宽，也更能表现出平静与稳定感。而地平线是画面的分割线，利用地平线分割天空与地面的画面，要着重表现天空，通常地面占整个画面的1/3。

重要步骤与相机设置

1 使用光圈优先模式拍摄，将光圈值调小，以保证画面具有较大的清晰范围，同时搭配ISO100的感光度来保证画面质量。

2 使用点测光模式对准天空亮部进行测光，拍摄完成后回放照片，观察云层细节，再适当调整曝光补偿值，直到得到满意的画面。

▎卡片机怎么拍

　　由于卡片机不方便安装遮光罩，在拍摄天空时为了避免出现眩光、反光等画面杂光，需要确定好拍摄角度和方位，避免杂光的影响。

　　顺光方向是最合适的，光线不会直射到镜头，天空中的色彩也能较好地表现，搭配使用卡片机的风光模式，能够很好地将云层效果体现出来。

⊖ 焦距28mm
光圈F11
快门速度1/320s
感光度100

↓ 拍摄者用大自然天然形成的地平线将天与地分开，而拍摄者并没有忘记拍摄的主题是要表现蓝天的晴空万里，所以在构图时让天空占了画面的2/3

◎ 焦距	❀ 光圈	〰 快门速度	ISO 感光度
28mm	F5	1/600s	100

3.18　绚烂夺目的彩虹

　　彩虹又称天虹，是气象中的一种光学现象。当太阳光照射到空气中的水滴上时，光线被折射及反射，在天空上形成拱形的七彩光谱，其外圈为红色，内圈为紫色。彩虹经常出现在雨后天空、瀑布、喷水池等有水雾的地方。

　　彩虹的色彩鲜艳亮丽，形状弯曲独特，所以成为摄影爱好者最喜欢拍摄的题材之一。

↘ 在水汽充足的地方捕捉彩虹

　　在万千世界中，所有的事物都有美丽的一面。而彩虹的美丽是独特的、罕有的。所以人们在看见彩虹时都会发出惊呼声，常常不能相信自己的眼睛。

　　当拍摄者拍摄高山瀑布、雨后天空、喷水池等场景时，应该放大眼睛，细心地观察在此场景中是否有彩虹出现。因为彩虹是阳光和水雾两者相结合所诞生的现象，只要找到适合彩虹产生的环境，就可能发现彩虹的存在，从而使拍摄出的画面更加出彩。

延伸学习

　　顺光拍摄彩虹时，摄影者主要要考虑彩虹本身曝光的准确性，如果环境背景的天空或者山脉等较为暗淡，可以利用一个偏光镜来改善画面色彩的饱和度和颜色的偏差，让彩虹更加突出。

　　偏光镜是利用偏光角度来调整和过滤偏振光的一种滤镜，拍摄时只需要将其旋转到镜头前，调整好偏光角度后，再进行测光对焦完成拍摄就可以了。

ℹ 偏光镜

↑ 拍摄者站在高点俯拍彩虹，以较暗的山石与水流作为背景，所以拍摄出来的彩虹显得清晰、明亮

📷 焦距	✳ 光圈	〰 快门速度	ISO 感光度
28mm	F9	1/320s	100

↘ 为彩虹选择一个颜色单纯的背景

虽然彩虹亮丽多彩，但是它的出现总是隐隐约约，像个害羞的孩子。

为了让彩虹清晰地出现在画面中，拍摄者在拍摄彩虹的时候，应该选用一个颜色单纯的场景作为彩虹的背景，这样才能将彩虹的轮廓和七彩颜色鲜明地印在画面中。

拍摄者为了得到明暗一致的画面，将测光点对准了画面中最亮的地方"天空"处测光。还安排了符合画面氛围的草作为前景，从而烘托气氛并为画面制造了景深

◉ 焦距	✳ 光圈	〰 快门速度	ISO 感光度
56mm	F20	1/125s	100

重要步骤与相机设置

1 为了让彩虹的色彩、形态更为明显，选择较为暗色的背景以及与彩虹有较大色差的环境搭配。

2 为了使画面曝光准确，摄影者最好能够使用手动模式进行拍摄，并适当地使用较小的光圈，以保证画面景深，并且注意画面不要过曝，否则会影响彩虹的表现。

3 测光时，用点测光模式对准彩虹测光，若画面过亮，要降低曝光补偿值，以保证主体的曝光效果。

▍单反达人经验之谈

要想在瀑布等水汽较浓处寻找彩虹，拍摄者首先应该选好天气，然后是选择拍摄地方和拍摄角度，这里为大家提供一个经验法则。

在直射光天气下，在水汽聚集的地方以顺光光位站立，也就是说，使自己身体的阴影在身体的前方，此时将双臂伸展到90°，然后沿着手臂和身体阴影的中间线方向看去，如果条件合适，就可以寻找到彩虹。

ⓘ 焦距100mm 光圈F10
快门速度1/640s 感光度100

↘ 利用彩虹的弧度巧妙构图

　　拍摄者在拍摄彩虹时不需要用过多的元素去衬托它，因为彩虹自身所散发出的美丽味道就足以支撑起整幅画面。

　　拍摄彩虹时，背景最好选择较为纯色的天空，用来衬托彩虹的形态。可以利用彩虹自身的轮廓在画幅中勾勒出一道弧线，从而用勾勒出的弧度配合简洁的前后景巧妙构图。

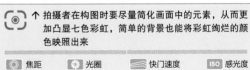

　　↑ 拍摄者在构图时要尽量简化画面中的元素，从而更加凸显七色彩虹，简单的背景也能将彩虹绚烂的颜色映照出来

◎ 焦距	✿ 光圈	≈ 快门速度	ISO 感光度
300mm	F20	1/80s	100

重要步骤与相机设置

1 拍摄彩虹使用光圈优先模式，将光圈值调小，以保证天空和主体彩虹都清晰。

2 摄影者可以通过改变焦距以及拍摄角度进行多种构图，让彩虹的全貌成为画面的焦点。

3 为烘托整个画面的气氛，可以适当加入一些与环境相符的前景作为衬托。

▌**卡片机怎么拍**

　　由于卡片机多为普通家用，所以大多数卡片机都采用JPEG的方式，各个厂家在设计时都会自动为画面调色，以确保画面整体的明亮效果。

　　摄影者在利用卡片机的JPEG格式拍摄彩虹时，使用风光模式，适当降低曝光补偿值即可得到比较满意的画面效果。

● 佳能卡片机

3.19　造型独特的城市建筑

建筑对于一个城市来说是非常重要的，既要能表达城市还要装扮城市。建筑拍摄既是技术也是艺术，不仅要体现出建筑的功能，还要展现出建筑的艺术美感。

高大的建筑群巍然耸立在城市中，犹如士兵一样保卫着我们。正因为建筑的这种刚柔合一的特性，使它成为了拍摄者镜头下的主角。

↳ 选用特殊的拍摄角度诠释建筑之美

要说拍摄城市建筑，角度和景致的选择是非常重要的。拍摄者首先要仔细观察建筑本身的外形特点，在寻找好主体以后仔细观察，从不同的角度去观察它与众不同的美，以便获得最好的效果。

在拍摄建筑时，拍摄者首先可以使用正面角度拍摄，若发现不能达到理想效果则选择使用侧面角度拍摄。拍摄者还可以选用一些特殊的角度去拍摄那些挺拔的高楼大厦，从而将它们平时不为人知的美表现出来。

重要步骤与相机设置

1. 拍摄建筑大致分为特写局部、描绘整体及表现全景3种。拍摄时最好使用广角变焦镜头，要保证建筑的线条不变形，需要使用移轴镜头。

2. 以光圈优先模式拍摄，光圈大小可根据画面的景深来确定，一般使用小光圈保证建筑物本身的清晰。

3. 在晴朗的光线下拍摄更能突出建筑的立体感。

> ↓ 画面中，拍摄者不仅利用深色的雕塑作为前景出现，让雕塑的颜色和主体景物"大楼"的颜色在画面中形成鲜明的对比，还用不同的角度仰拍大楼，使大楼看上去更加高大

◎ 焦距	❀ 光圈	≋ 快门速度	ISO 感光度
16mm	F11	1/40s	50

↘ 利用独特的光影突出建筑之美

　　在阳光明媚的天气下，不妨出外走走，在繁华的城市中，矗立的各色建筑渐次映入眼帘，直射光将其表现得明暗相间，这时，你会不由得感叹街道上的建筑都有种特有的时尚美感，非常吸引眼球。

　　在构图拍摄建筑时，一般来说，蓝天、白云适合作为背景出现，如果加上适当的光线更能衬托和突出建筑的轮廓之美。

重要步骤与相机设置

1 寻找轮廓独特、美丽的建筑作为拍摄主体。

2 确定好建筑主体后，以光圈优先模式拍摄，注意将光圈值调小，以保证画面中主体、前景和背景都能够清晰地展现。

3 可以选择侧光、前侧光或侧逆光来凸显建筑的轮廓。

4 拍摄时注意让画面尽量简洁，保证主体明显突出，同时选择多分区测光模式，保证画面整体的曝光正确。

> **▌单反达人经验之谈**
>
> 　　拍摄城市的建筑不仅可以选择在其外部拍摄，还可以走到建筑内部进行拍摄。
>
> 　　建筑内部特殊的结构以及装饰是非常好的拍摄题材，在这里进行拍摄要注意突出细节的美感，这就需要摄影者有一双善于发现的眼睛了。在确定拍摄主体后，也可以加入一些其他的环境元素进行搭配，比如加入适当的人物作为画面的前景，这对于建筑的拍摄是非常好的。

↑ 在画面中，拍摄者寻找了造型独特的建筑作为拍摄主体，而且选择了侧逆光光位来拍摄建筑，不仅凸显了建筑的轮廓，也让建筑表面的亮光成为画面的亮点

◉ 焦距	☀ 光圈	▤ 快门速度	ISO 感光度
16mm	F11	1/320s	50

○ 焦距25mm　光圈F4
快门速度1/40s　感光度800

3.20 霓虹旖旎的城市夜景

当夜色来临、华灯初上时，整个城市就像换了一张面容，让人认不清它本来的样貌。城市中的许多建筑物上都被映照了迷人的灯光，像是披上了一件闪亮的外衣。在外衣的照耀下建筑群闪闪发光，让人看到了平常难以见到的城市景色，不禁会沉醉在这灯光璀璨的城市怀抱之中。

↘ 用快门优先将城市车流虚化成光流

川流不息的车流是城市的特征之一，也是拍摄者眼中一道美丽的风景线。当夜色降临时，这些穿梭在城市中的车流因为发光发亮的车灯显得更为耀眼夺目。

在拍摄车流时，若能将车灯化为一束束光流，那么就可以用这些光流贯穿整幅画面，让我们看到一个流光溢彩的城市美景。若想在画面中看到这些流线型的光束，拍摄者需要用慢速快门来表现出这种效果进行拍摄。

重要步骤与相机设置

1 在流光溢彩的夜景中，拍摄者不要被美丽的景色"迷晕"，一定要睁大眼睛选择好的场景进行拍摄。

2 将相机调整到手动模式后，利用拨轮将相机快门调整到B门。由于B门需要摄影者自己掌控快门速度，为了获得较长的时间，可以将镜头的最小光圈收缩1～2挡使用。

3 一定要搭配三脚架，以保证拍摄过程的稳定性，最好用B门和快门线配合拍摄，如果车流不多，可以用镜头盖暂时将镜头盖住，待车流过来时再打开，以保证画面中有足够的车流。

> **▌单反达人经验之谈**
>
> 　　使用虚焦技法拍摄夜景也是个不错的选择，虚焦指焦点不在拍摄物体上，拍摄时将相机调整到手动对焦模式，用手调整焦距让焦点的景物虚化成光斑形式。
>
> 　　在镜头的选择上，可以使用长焦镜头，而且最好使用最大光圈，将焦点调在最近对焦距离处。
>
> 　　虚焦所呈现出来的画面有朦胧的效果，十分美丽，虽然景物看不清楚，却极富艺术性。

❶焦距127mm　光圈F14

快门速度1/0.8s　感光度100

↑ 在流光溢彩的城市夜景中，拍摄者运用车流的光束贯穿整幅画面，为画面带来了动感

📷 焦距	💠 光圈	▤ 快门速度	ISO 感光度
12mm	F24	1/4s	100

↘ 选择城市的制高点拍出城市夜景全貌

在夜色中，街头无数彩色的霓虹灯烘托出了整个都市的繁华气息，夜间的建筑仿佛被赋予了新的生命力，用它充沛的活力为人们呈现出多彩的景致。

但是，如何将这种霓虹闪烁的景象完完整整地表现出来呢？一般而言，拍摄者需要选择在一个高点向下俯拍，这样才能表现出城市夜景的全貌。

重要步骤与相机设置

1 选择能表现城市独特魅力的制高点位置拍摄，采用俯视的角度拍摄整个城市的夜景全貌。

2 全景拍摄并不是意味着要把所有能看见的景致都装入镜头，而是需要对景致的选择有所取舍，进而表现夜景的特点。

3 在拍摄夜景全貌的时候，因为夜景的明暗反差较大，所以拍摄者可以选用点测光模式对画面的亮部或次亮区域测光，以得到曝光正确的画面。

▮ 卡片机怎么拍

拍摄夜景时，卡片机设有专门的夜景拍摄模式供用户选择，但其内部参数由相机固定，虽然操作较为简单。如果选择好拍摄地点，画面还是能够表现出夜间的灯光效果的，摄影者可以到街道旁固定相机对准车流拍摄，说不定能够得到动感的画面效果。

Ⓞ 焦距16mm　　光圈F4.5　　快门速度1/15s　　感光度100

↘ 拍摄者选择了一个高点拍摄城市夜景的全景样貌。拍摄者合理地选择了景致，让画面看上去既简洁又明了，能表现城市夜晚的美丽景象

焦距	光圈	快门速度	感光度
18mm	F11	1s	50

3.21　夜景橱窗中陈列的商品

　　橱窗是时尚文化的缩影，如今的时装橱窗已成为一门新兴艺术。在橱窗的背后，隐藏着一个城市时尚的灵魂和社会的变迁、时尚的变化以及人们对美的追求。通过橱窗，人们不仅可以欣赏到城市生活的流光溢彩、闹市街头的繁华喧嚣，还可以窥视出躲在繁华背后的一丝寂寞与浮躁。

↘ 充分利用商店的光线拍摄橱窗商品的全貌

　　在当今社会，橱窗陈列已经成为一门艺术在不断发展，橱窗不仅能带给人们视觉上的冲击和享受，还能让人们直观地了解商品。

　　拍摄橱窗需要有较好的观察力和想象力，拍摄时要充分利用光线将商品的样貌淋漓尽致地呈现出来。

▐ 卡片机怎么拍

　　用卡片机拍摄橱窗的时候要关闭闪光灯，因为闪光灯亮起时，光斑会出现在画面中，从而破坏画面品质。若是因为光线原因需要开启闪光灯，那么不可以正面拍摄橱窗，要选择一个相对侧面的角度拍摄橱窗。

❶ 佳能照相机

◎↘ 在这张橱窗照片中，拍摄者利用商店中自身的光线，不仅很好地还原了橱窗中的色彩，还将橱窗的全貌呈现了出来			
◎ 焦距	✳ 光圈	▦ 快门速度	▦ 感光度
53mm	F4.5	1/60s	200

↘ 不开闪光灯透过橱窗拍摄单个商品的特写

现代的橱窗设计，不仅仅是为了推销商品，在更深层次来说，其实是一门空间设计艺术。在拍摄的时候，拍摄者可以通过拍摄橱窗中商品的特写来传达橱窗的艺术美。

拍摄者在拍摄橱窗时，一定要将橱窗所表达的含义和橱窗中所陈列的商品巧妙地融合在一起，并将其表达出来。

↑ 这张照片是拍摄者透过橱窗玻璃拍摄的，但拍摄者避开了自己的投影，将佛像的质感和神态清晰地呈现出来

📷 焦距	✳ 光圈	〰 快门速度	ISO 感光度
26mm	F2.8	1/5s	100

第4章

你不能不拍的18个人像题材

人像，是人们喜闻乐见的摄影作品题材，也是摄影爱好者们热爱的摄影种类。而在人像摄影中又有各种给人带来不同感受的拍摄题材，下面来学习一些在人像摄影中不能不拍的题材，让爱好摄影的你在拍摄人像时可以做到游刃有余。

4.1 草地上的恬静少女

　　绿色的草地具有朝气蓬勃的生命力，在草地的环境中拍摄恬静可人的少女，用绿草衬托少女清新脱俗的气质，让少女独有的青春活力更好地展现在画面中。

↘ 选用长焦镜头虚化背景突出少女的美

　　长焦镜头可以把远处的景物拉近，得到较浅的景深，使画面中不必要的前景或背景虚化，着重表现拍摄者想要表现的主体。用这样的方法拍摄草地上的少女，可以在画面中很好地展现少女的美，牢牢抓住观赏者的眼球。

重要步骤与相机设置

1 为模特选择颜色较为鲜亮的服饰，与绿草区分开来，丰富画面色彩。

2 将拍摄模式的拨盘拨到光圈优先模式（Av/A），用较大的光圈虚化背景。

3 将感光度设置为ISO100，以得到清晰的画面。

4 将测光模式设置为中央重点测光模式，针对人物主体进行测光。

📷 ↑ 女孩站在落满银杏叶的草地上，拍摄者选用长焦镜头拍摄，将背景落满黄叶的草地虚化，很好地突出了人物主体

📷 焦距	✳ 光圈	〰 快门速度	ISO 感光度
200mm	F2.5	1/640s	100

▌单反达人经验之谈

　　长焦镜头的透视关系较弱，其纵深景物的近大远小的比例也会缩小，拍摄者在拍摄时需要将人物摆放在画面中的合适位置，同时要选取草地比较简洁的背景，使画面看起来干净、舒适。

↘ 用标准镜头表现少女和环境

标准镜头的拍摄视野与人眼（一只眼）所看到的视野范围相似，选用标准镜头拍摄草地上的少女，可以在突出表现少女的美感时与环境融合。

标准镜头的取景范围、前后景物的大小比例带来的透视感与人眼观看到的大体相同，拍摄出来的画面能够显得真切自然，且画质高。

重要步骤与相机设置

1 拍摄者需要安排好人物的位置和姿势，并谨慎构图。

2 将拍摄模式的拨盘调到光圈优先模式（Av/A），使用大光圈得到浅景深，虚化前景和背景，突出少女的气质。

3 将感光度设置为ISO100，保证画面质量。

4 测光模式选用点测光模式，针对人物的面部测光，以得到准确的曝光。

■ 卡片机要怎么拍

卡片机的焦距虽然变化范围较小，但长焦端的等效焦距在80mm左右，用其拍摄草地人物时，也是非常方便的。在拍摄时选用卡片机的长焦端，使用大光圈，将测光模式设置为中央重点测光，在光比不大的时候拍摄。

❶ 焦距100mm　光圈F2.8　快门速度1/200s　感光度200

在阳光的照射下，白色衣裙的少女安静地坐在草地上的大树旁，手捧鲜花，整个画面显得宁静、美好

◎ 焦距	☀ 光圈	≋ 快门速度	ISO 感光度
50mm	F2.8	1/2000s	100

4.2 逆光中的完美剪影

剪影是在逆光条件下拍摄出的一种特殊效果，可以将画面内容和拍摄对象的细节减到极致，只着重强调被摄主体的整体轮廓和姿态，所以好的剪影画面能在简洁的画面中凸显一种极致的轮廓美。

↘ 选用反差较大的背景深化剪影

剪影是一种特殊的美丽人像，如果拍摄者想要拍摄出好看的剪影，可以在拍摄时选用亮色的背景，这样能让画面中的剪影得到深化。

重要步骤与相机设置

1 选择适合拍摄剪影的逆光光位背景，指导被摄者摆出适当的姿势，特别要注意手的位置，不要与身体重合。

2 拍摄模式选用光圈优先模式（Av/A），根据需要的背景景深选择适当的光圈，以保证画面清晰。

3 将感光度设置为100，如果光线不够，再做适当调整，但最好不要超过ISO400，以保证画面质量。

4 选用点测光模式，针对背景较亮的部分测光，使背景曝光正确，使人物呈现剪影状态。

▌单反达人经验之谈

拍摄者在选择剪影的背景时，首先要选择逆光作为背景，比如晴朗的天空，或是被灯光照亮的背景等，这样才能与暗调的人物剪影形成强烈的反差，深化剪影。同时要注意指导人物的动作姿势，一般需要夸张一点，双手尽量离开身体，使剪影的轮廓美在画面中显得更为突出。

↑ 拍摄者选择了夕阳西下的天空和水面作为背景拍摄人物剪影，背景与人物本身的反差较大，剪影得到了很好地深化

◎ 焦距	✱ 光圈	▤ 快门速度	ISO 感光度
90mm	F5.6	1/800s	100

↘ 选用中等光圈兼顾人物和背景

逆光拍摄出的照片明暗反差极大，突出展示了被摄者的轮廓而掩饰了很多细节，拍摄者在拍摄逆光剪影的时候可以选用中等光圈，使人物和背景都较为清晰地呈现在画面中，同时使照片显得干净、简洁。

重要步骤与相机设置

1 将拍摄模式设置为光圈优先模式（Av/A），选用中等光圈，在画面中同时兼顾人物和背景。

2 将感光度设置为400以下，100为最佳，以保证得到良好的画面质量。

3 将测光模式设置为点测光模式，针对光线较亮处测光，以保证画面曝光准确。

4 测光后按下测光锁定键，然后重新构图完成拍摄。

延伸学习
光圈与画面的层次感

1.光圈的构成

光圈由几片极薄的金属片组成，通常设在镜头内，是一种中间能通过光线的圆形光孔，通过自身的张开和收缩来控制镜头的进光量并完成曝光，是相机控制曝光的重要组件。

2.控制景深的方法

（1）改变拍摄距离：使用同一支镜头，焦距、光圈一定时，拍摄距离越远，景深越深；拍摄距离越近，景深越浅。

（2）改变光圈大小：使用同一支镜头，焦距与拍摄距离一定时，光圈越小，景深越大；光圈越大，景深越小。

（3）改变镜头焦距：在同一拍摄距离使用相同光圈的情况下，短焦距时，景深较大；长焦距时，景深较小。

● 光圈示意图

↑ 拍摄者使用中等光圈拍摄剪影人像，配合人物背后的环境，整个画面温暖、和谐

焦距	光圈	快门速度	ISO 感光度
110mm	F9	1/2000s	100

4.3 唯美的外景婚纱

拍摄外景的婚纱艺术写真，人物的造型和服饰装扮非常重要，拍摄者要根据被摄人物的特点、气质选择相衬的服饰。广大的摄影爱好者要拍摄外景婚纱人像，可以让人物到专业的造型工作室事先化妆造型，或是请从事相关工作的人员跟随补妆，以拍出较为理想的唯美效果。

↘ 利用外拍灯营造唯美梦幻的场景

拍摄婚纱人像时，想要拍出唯美梦幻的场景，单靠自然光线是不够的，因为自然光线不受人为控制，所以拍摄者可以在自然光线的基础上利用外拍灯为人物补光，使拍摄出来的婚纱人像在柔美的环境中凸显出来，且画面不失清新自然的浪漫感觉。

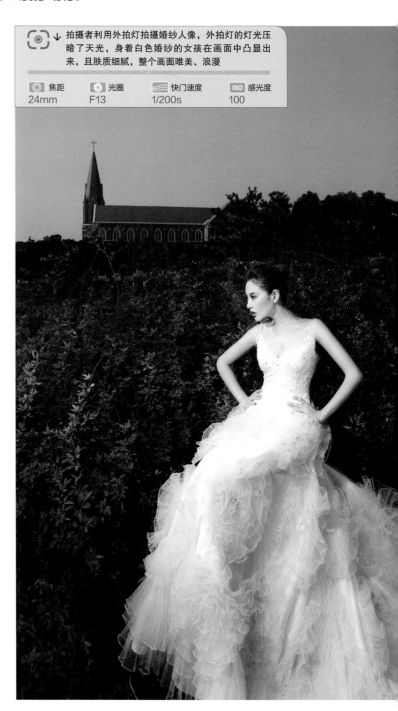

↘ 拍摄者利用外拍灯拍摄婚纱人像，外拍灯的灯光压暗了天光，身着白色婚纱的女孩在画面中凸显出来，且肤质细腻，整个画面唯美、浪漫

焦距	光圈	快门速度	感光度
24mm	F13	1/200s	100

重要步骤与相机设置

1 设计好模特的服装造型，选择适合拍摄的外景，利用外拍灯为人物打光，使整个画面的色彩还原度变高，不流于平淡灰暗。

2 将拍摄模式的拨盘转到手动模式（M挡），拍摄时选用适当的光圈，快门在同步速度之内，在人物突出的同时将人物融入环境。

3 将感光度设置为100，以保证有足够的画面质量。

4 拍摄者根据拍摄经验摆放外拍灯的位置，根据试拍的效果，调节外拍灯距离人物的远近。

▌单反达人经验之谈

拍摄婚纱人像，自然光线比较柔和时，整个画面的影调容易显得平淡，特别是在阴天拍摄容易产生色偏，而晴天的直射光线又不适合拍摄婚纱人像，所以拍摄者需要借助外拍灯辅助拍摄，如果没有外拍灯，利用离机的闪光灯加柔光罩为人物进行补光，最好使用2~3个闪光灯，以使拍摄出的画面人物主题鲜明、肤质细腻、细节突出、色彩还原度高。

↓ 拍摄者抓住了身着婚纱的女孩回眸一笑的瞬间，小路蜿蜒地伸向远方，整个画面既唯美、梦幻，又具有纵深感

焦距	光圈	快门速度	ISO 感光度
45mm	F4	1/640s	100

↘ 增加曝光补偿突出婚纱的洁白如雪

　　曝光补偿是一种便捷的曝光控制方法，拍摄浪漫的婚纱人像时，一定要注意曝光补偿的运用，遵循"越白越加，越黑越减"的原则，根据需要增加曝光补偿，以拍出洁白如雪的完美的婚纱人像效果。

拍摄者将身着婚纱的女孩安排在白色的跑车旁边，在拍摄时增加了曝光补偿，使婚纱和跑车在画面中都显得洁白如雪

焦距	光圈	快门速度	ISO 感光度
140mm	F2.8	1/3200s	100

重要步骤与相机设置

1 选择适合的婚纱拍摄场景，如公园、古典建筑旁等，挑选适合人物的婚纱和妆容进行拍摄。

2 将相机事先设置为RAW格式拍摄，以便于在后期对照片进行处理。

3 将感光度设置为100，以保证画面质量。

4 将测光模式设置为中央重点测光，针对人物主体测光。

5 适当增加曝光补偿，一般增加曝光补偿0.7~1EV，让婚纱看起来更加唯美、梦幻。

▌卡片机怎么拍

　　使用卡片机拍摄婚纱人像，同样需要增加画面的曝光补偿，因为婚纱大多是白色。在曝光补偿的利用上要注意增加曝光量，一般增加曝光补偿0.7～1EV，但是在拍摄时还需要根据实际情况增加。要使画面有正常的透视关系以及适当的背景虚化，最好使用相机的长焦段和较大光圈，并尽量靠近人物拍摄。

❶ 焦距70mm　光圈F4　快门速度1/80s　感光度100

4.4　动感时尚的街头抓拍

如今，时尚不只停留在电视、网络或是时尚杂志上，也不只穿在T台模特身上，城市的街头是一个发现时尚的好地方。通过拍摄街头人物，用画面表现贴近观赏者生活的时尚美感，是每个摄影爱好者都能拍到的题材。

↘ 留心观察寻找最具特色的人物

在街头拍摄时尚人物，首先要选择城市中有特色的繁华街道，以利于画面人物的表现。而繁华的街道中，各种元素混合在一起，拍摄者需要留心观察，过滤掉繁杂的干扰元素，集中精力拍摄最具特色的街景和人物，抓住时机，拍出最有特色的画面。

重要步骤与相机设置

1 拍摄者要仔细观察，选择最具特色的人物进行拍摄。

2 将拍摄模式选择光圈优先模式（Av/A），利用中等光圈得到虚实合适的景深，在有利于表现背景的同时凸显人物。

3 将感光度设置为100，以达到足够细腻的画质。

4 将测光模式设置为点测光模式，针对人物的面部进行测光。

> **▌单反达人经验之谈**
>
> 街头人来车往、店铺林立，所以抓拍出好照片的几率较小，拍摄者可以选择利用模特摆拍，根据街景的特色和模特的气质，合理搭配模特的服饰，让人物呈现出自然本色。同时在拍摄时，要注意避开杂乱元素，可以选择较为简单的背景，也可以使用大光圈将背景虚化掉，突出人物本身。另外，在街头拍摄人像，在想以全身人像表现人物整体气质的时候，建议选用竖画幅。

女孩身着复古衣裙走在街头，拍摄者把握住时机，捕捉到了她的青春美丽和复古的气质

◎ 焦距	✦ 光圈	〰 快门速度	ISO 感光度
50mm	F5	1/200s	100

↘ 摆拍凸显时尚气质

街头时尚拍摄更多的是选定具有时尚气息的模特儿进行拍摄，以此来表现摄影师心中的时尚美。这样摄影师才有充分的时间去准备服装和造型，选择适当的场景，将模特置于街道的环境中，以最美的肢体造型，用环境来衬托人物的时尚气质。

重要步骤与相机设置

1 拍摄者要细心选择拍摄人像的街头场景，将人物安排在适当的位置，摆出能突出人物特色的姿势进行拍摄。

2 拍摄模式选择光圈优先模式（Av/A），利用较大的光圈得到较小的景深，虚化背景、突出人物。

3 将感光度设置为100，以达到足够清晰的画面质量。

4 使用具有TTL功能的闪光灯，搭配柔光罩，将测光模式设置为点测光模式，针对人物的面部进行测光。

◎ ↘ 城市街边广场上，女孩撩起碎花裙摆，再配上头上的花朵，拍摄者用画面营造出了一种清新的街头夏日风情

🎯 焦距	✳ 光圈	▰ 快门速度	ISO 感光度
120mm	F4.2	1/200s	100

▋卡片机要怎么拍

因为卡片机的感光元件太小，拍摄出来的画面很难有虚实区分，所以拍摄者在使用卡片机在街头进行人物拍摄的时候，要尽量选择较为简洁的背景，以突出表现人物。

① 焦距50mm　光圈F2.5　快门速度1/500s　感光度100

4.5 自然清新的田园美女

田园总是能带给人轻松自在的感受，特别是在初春之时，满眼的绿色尤为醒目。摄影者此时不妨带着模特远离城市的喧嚣，回归自然，寻找最原始的感动。

↘ 不同寻常的背影角度

在田野当中漫步拍摄，可以选择的角度和位置非常多，不过习惯了正面角度拍摄人像，偶尔尝试以背影构图，说不定能够得到更有画面感的效果。

重要步骤与相机设置

1 摄影者来到田野当中，首先要选择一个视野开阔、景色优美的地方，保证画面整体的美感，以此确定相机机位和角度。

2 让模特以背面对准相机，不论是静止还是运动，最好保持一个向前走的姿态，让画面更富动感和戏剧性。

3 将相机模式调整为光圈优先模式（A/Av），光比不大时使用多分区测光模式对准主体进行测光，以保证画面整体曝光准确。

▌卡片机怎么拍

摄影者在构图时常常会因为疏忽导致画面水平线倾斜，人物在画面中不能得到平衡的情况。

不过现在很多卡片机都带有修正倾斜度的选项，摄影者可以直接在拍摄完成的照片上进行调整，以保证整个画面的平衡稳定。

❶ 卡片机修复倾斜选项示意图

↓ 郁郁葱葱的田野里，一位美丽的少女正在漫步，摄影者利用恰当的景深虚化远处的环境，画面产生了戏剧性的效果，仿佛人物就在眼前，正要向远处走去

◎ 焦距	✦ 光圈	▧ 快门速度	ISO 感光度
170mm	F4.8	1/200s	100

↑ 游走在田野当中的少女仿佛一只翩翩起舞的蝴蝶，随着她身体的摆动，裙角就像美丽的翅膀，摄影者以 1/1250s 的高速快门定格了这个美好的瞬间

◎ 焦距	✳ 光圈	〰 快门速度	ISO 感光度
200mm	F2.2	1/1250s	100

↘ 高速快门定格裙角飞扬

拍摄人像除了使用专门的人像模式外，光圈优先模式也是较常用的。不过如果模特身着裙装，不妨试试快门优先模式，以高速快门定格裙角飞扬的瞬间。

重要步骤与相机设置

1 最好选择与环境色彩反差较大的服饰拍摄，整体环境也以简洁为主，以保证主体色彩和形态突出。

2 无论横、竖画幅，在构图上最好以全景形式拍摄，拍摄时人物可以摆动裙子，以表现出飘逸的画面效果。

3 将相机模式调整为快门优先模式（S/Tv），将快门速度调整到1/500s以上来定格瞬间。

延伸学习
高速连拍功能

单反相机的连拍功能是为了辅助拍摄运动物体而设的，对焦完成后只需要一直按住快门，相机就会进行连拍活动，不让精彩瞬间错过。

入门级单反相机的连拍功能能达到每秒3张，而中高端单反相机能达到每秒5~8张，已经能够满足多数拍摄活动的需求了。在实际拍摄过程中，需要大家多多练习，以得到满意的画面。

❶佳能单反和尼康单反相机的连拍设置界面

↑ 游走在田间地头的少女与绿色为伴，而作为陪体的鲜花和帽子衬托出人物的自然美感，也让画面多了故事性，在拍摄时，摄影者利用浅景深的构图来达到突出主体的目的

📷 焦距	⚙ 光圈	〰 快门速度	ISO 感光度
50mm	F2.5	1/1000s	100

4.6 另类时尚的废墟人像

摄影师在不断地寻求创新，在各方面都做出了大胆尝试，于是一些另类的时尚人像拍摄应运而生，废墟人像就是另类时尚人像中的一种，颓败的废墟与时尚的模特碰撞出火花，是摄影师思想的一种自我表达。

↘ 大胆搭配色彩吸引观者的眼球

↑ 模特坐在斑驳的黄色铁架上，灰色的长裙、黄色的围巾、褐色的头发、白嫩的皮肤和鲜红的嘴唇，这些颜色搭配在一起，使画面很吸引人

📷 焦距	⬡ 光圈	〰 快门速度	ISO 感光度
50mm	F2.5	1/800s	100

拍摄废墟人像的时候，拍摄者想以一种另类的时尚吸引人的眼球，可以用画面色彩反差和强烈的对比来表现，所以大胆地将各种色彩进行搭配，这样能提高画面色彩的感染力，给人以强烈的视觉冲击。

重要步骤与相机设置

1 根据拍摄者的创作意图选择色彩的搭配进行拍摄。

2 将拍摄模式设置为光圈优先模式（Av/A），使用较大的光圈虚化背景，得到突出的主体。

3 将感光度设置为100，以保证有足够高的画面质量。

4 测光模式选用中央重点测光模式，针对人物的面部区域进行测光。

5 将镜头对准人物的面部，半按下快门对焦和测光，然后重新构图完成拍摄。

▍ 单反达人经验之谈

废墟人像本就是用一种另类气质表现人物的美感，所以在色彩搭配上，拍摄者不一定要循规蹈矩，这样拍摄出来的画面容易显得平淡，没有新意。在大胆搭配色彩这一点上，拍摄者可以尽可能地发挥自己的想象，选用互补色来搭配，画面的色彩反差大，容易吸引人的眼球；而选用相邻色，画面的色彩跨度较小，人物容易融入环境。

4.7　情侣的亲密互动

情侣是人像摄影中常涉及的拍摄题材，拍摄者可以通过拍摄场景的选择，情侣服装、神情、动作姿态等的搭配，来表现情侣间独有的爱意。

↳ 选择诗意的场景拍出淡雅风格的情侣

拍摄情侣间的亲密互动，在人像摄影中比较常见，怎么才能推陈出新，拍出自己的新意，是拍摄情侣照片所要考虑的问题。

拍摄者不妨试试选择一种具有古韵诗意的场景，营造一种清新淡雅的艺术氛围，表现情侣间互动的情意绵绵。

重要步骤与相机设置

1 根据拍摄意图选择合适的拍摄场景，合理安排人物服饰、所处位置，调动情侣的情绪，使其在表情、动作等方面互动自然。

2 将拍摄模式设置为光圈优先模式（Av/A），选用大光圈，使背景虚化，以凸显人物主体。

3 将感光度设置为100，以保证画面质量。

4 将测光模式设置为中央重点测光，针对人物面部进行测光，以得到准确的曝光。

> **▌单反达人经验之谈**
>
> 拍摄诗意场景的情侣照，除了要考虑恰当的场景外，还要注意画面中是两个人，对两个人在画面中的安排要慎重，要让画面看起来充实，又不能装得太满，画面既要凸显人物，又要有环境的表现，让环境的气氛衬托出人物的气质。如果拍摄光线不足，还可以利用反光板补光，但是最好准备两个反光板，以方便分别为两个人补光。

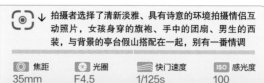

拍摄者选择了清新淡雅、具有诗意的环境拍摄情侣互动照片，女孩身穿的旗袍、手中的团扇、男生的西装，与背景的亭台假山搭配在一起，别有一番情调

◉ 焦距	✳ 光圈	〰 快门速度	ISO 感光度
35mm	F4.5	1/125s	100

↘ 搭配情侣服装色彩呈现和谐画面

情侣间的互动不只是表现在场景的选择、人物的姿势动作上，在服饰的搭配上也有很大的发挥空间。

通常男士的服饰色彩要偏冷色调或是低调一些，用比较深沉的颜色来衬托男士的成熟、稳重；而女士的服饰要偏暖色调或是高调一些，用鲜艳的色彩凸显女孩的活泼与美好。如果是拍摄青春活力的少年情侣，要根据选择的背景和环境让两个人的服装色彩都明亮、清爽，突出青春年少的美好。

重要步骤与相机设置

1 考虑各方面的元素，合理搭配情侣的服饰。

2 将拍摄模式设置为光圈优先（Av/A），光圈可以设置得较大，以保证画面得到浅景深，突出人物主体。

3 将感光度设置为100，以保证有足够高的画质。

4 将照片风格设置为人像，使画面的色彩还原度较高。

5 将测光模式设置为中央重点测光模式，以保证画面的准确曝光。

延伸学习
饱和度的概念与相机内的设定

饱和度是指色彩的鲜艳程度，也称色彩的纯度。饱和度取决于该色中含色成分和消色成分（灰色）的比例。含色成分越大，饱和度越大；消色成分越大，饱和度越小。

饱和度的高低会影响人对于画面的关注程度，在相机中也可以直接进行调整，但是要注意一定要根据画面主题来加强或者减弱饱和度，饱和度过高会影响画面品质，使画面显得不自然。

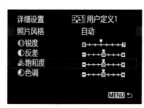

❶ 佳能相机饱和度设定示意图　　❶ 尼康相机饱和度设定示意图

↓ 男孩抱着手捧鲜花的女孩，女孩的白色衣裙搭配男孩的灰色服饰，画面色彩和谐，整个画面给人以温馨、甜蜜的感觉

◎ 焦距	☀ 光圈	▤ 快门速度	ISO 感光度
50mm	F4.5	1/125s	100

4.8　室内人物优雅写真

在室内拍摄人像照片，自然光线有限，所以需要拍摄者通过用人造光线打光完成人物的刻画，这就需要拍摄者对光线有必要的了解，有一定条件和拍摄功力的摄影爱好者可以尝试拍摄室内打光的优雅人物写真。

↘ 明快的高调布光展现女性的清新气质

画面的整体色彩和亮度决定了影调，在室内利用明快的高调布光法营造清新、明快的氛围，可以表现出女性纯净、典雅的气质，让观赏者有种眼前一亮的感觉。

在布光的方法上，最好利用两盏影室灯均匀照亮人物，再用单独的灯光照亮背景，使画面呈现出高调特征，可以在保证被摄人物曝光正确的前提下适当增加曝光量。

↑ 模特身着白纱，灯光将背景的白布照亮，整个画面呈现一种明快的氛围。拍摄者使用双侧光照明，使画面在高调中具有光影变化

焦距	光圈	快门速度	ISO 感光度
46mm	F10	1/200s	100

重要步骤与相机设置

1 拍摄者需要选择白色或其他浅色物体作为背景，并为模特搭配浅色服饰。

2 将拍摄模式的拨盘转到手动模式（M），可以先将光圈调整到F10左右进行试拍，再通过画面效果来调整光圈值，以保证画面的合理曝光。

3 将感光度设置为100，也可根据环境的变化保证画质细腻与曝光正常。

4 将白平衡调整为闪光灯白平衡，保证画面色调正确。

5 将镜头对准人物面部对焦，然后重新构图，全按快门完成拍摄。

┃单反达人经验之谈

在摄影棚中搭建高调布光场景，首先需要搭建面积较大、色彩明亮的背景布，最好是白色，能够营造出高调的氛围。同时，拍摄者还要注意搭配被摄者的服饰，最好以明亮的白色为主，让大面积的白色占据画面，凸显出高调色彩的特点。如果在白色占画面大部分区域的高调画面中，某些局部出现轻微的过曝现象，只要不影响画面的效果，人物的皮肤曝光正确、表情自然即可。

室内温暖光线呈现温馨画面

在室内拍摄温暖的人像写真，拍摄者可以利用室内灯光光线在暖色背景中完成，这样拍摄出来的人像画面会给人一种温馨、美好的感觉。

室内的光线多为暖调光线，拍摄者在背景环境的选择上也可以选用暖色调。

重要步骤与相机设置

1 选择暖色调的室内拍摄环境，用温暖的室内光线拍摄。

2 将相机设置为光圈优先模式（Av/A），选用较大的光圈突出人物主体。

3 将感光度设置到较低位置，根据光线的亮度可适当提高，但最好不要超过400，以保证画面质量。

4 在拍摄时可以使用三脚架来稳固相机，以保证拍摄出来的画面清晰。

↑ 坐在欧式家具上的模特将身体弯曲，呈现出迷人的S形线条，打破了环境的沉寂，同时体现出人物本身的特质，画面极富浪漫气息

焦距	光圈	快门速度	ISO 感光度
50mm	F2.5	1/60s	200

↘ 变换姿势竖画幅构图表现人物的优雅

　　拍摄人像，画幅的选择至关重要。在室内拍摄人像写真，拍摄者如果想用人物姿态表现人物优雅的气质，可以选用竖画幅拍摄，因为竖画幅是垂直画幅，可以更好地展示被摄人物的体态，去掉多余的背景，让人物主体更有张力。

　　如果拍摄者经常选用竖画幅拍摄，可以为自己的数码单反相机配备一支竖拍手柄，使拍摄时有良好的手感。

延伸学习
如何增强身体的曲线线条

　　拍摄模特时，首先要注意拍摄对象的头、胸、胯3个部位尽量不要平行，挺胸收腹，以凸显身体的曲线，同时双手和双腿可以适当弯曲，以增强画面的曲线效果；还要注意身体与镜头保持30°～45°的角度，如果拍摄对象的四肢与镜头完全平行，人物表现往往会显得过于直白，画面效果会显得死板、缺乏生气；最后身着较为紧身的衣裙能够将身体的曲线展现出来，也有利于增强画面的曲线美感。

↑ 拍摄者用竖画幅构图，完整地拍摄出模特的整体姿态，更好地表现出模特的优雅气质

◎ 焦距	✳ 光圈	▰ 快门速度	ISO 感光度
85mm	F14	1/160s	100

4.9 少女可爱的大头照

青春年少的女孩带着与生俱来的活力，少女面部表情的变化总是透露出无限的灵气，拍摄少女可爱自然的大头照，突出她们的面部表情，可以让观赏者眼前一亮。

↘ 开启连拍让少女自然变换表情

● 焦距24mm
光圈F4.5
快门速度1/30s
感光度200

活泼可爱的少女总有一些古灵精怪的表情，在表现这些不断变化的瞬间表情时，拍摄者可以开启相机的连拍功能，在一秒钟内连续捕捉少女的表情变化，表现少女独有的可爱气质。

重要步骤与相机设置

1 将相机的驱动模式设置为连拍模式。

2 将拍摄模式设置为光圈优先模式（Av/A），选用大光圈，使背景虚化，以凸显人物主体。

3 将感光度设置为100，以保证画面质量。

4 将测光模式设置为点测光，针对人物面部进行测光，以得到准确的曝光。

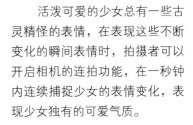

● 焦距24mm
光圈F4.5
快门速度1/30s
感光度200

> ▌单反达人经验之谈
>
> 运用连拍首先要在相机中将拍摄模式更改为连拍，记录表情不同于表现动态画面，只需要每秒3张左右就可以，不一定需要每秒5~8张的高速连拍，太高速的连拍可能会造成相同表情的画面太多，从而浪费快门和内存，因此对于有高速连拍功能的相机来说，将连拍位置设置在低速挡位置上即可。设置完成后就可以全按快门进行拍摄了，要注意相机的对焦模式需要使用单次对焦。

◎ ← 拍摄者启用连拍模式拍摄少女变化的表情，表现出女孩的活泼可爱，画面生动、自然

◎ 焦距	◎ 光圈	≋ 快门速度	ISO 感光度
24mm	F4.5	1/30s	200

↘ 配合手部动作凸显少女的活泼可爱

可爱的少女都拥有一双灵巧的手，在拍摄少女的大头照时，拍摄者可以在画面中加入女孩的手部姿态，让画面中的少女给人以充满活力的青春感觉。

首先拍摄者要懂得手部动作可以作为画面中的视觉语言，手部动作与脸部搭配可以强化面部表情的表现力，使画面更加饱满；而手部动作与整个身体配合，可以丰富人物的肢体语言，使画面更加生动。

重要步骤与相机设置

1 拍摄者要引导被摄者摆出合适的手势，与面部表情相匹配。

2 将拍摄模式设置为光圈优先模式（Av/A），选用较大的光圈，突出画面中的人物。

3 将感光度设置为100，以保证画面质量。

4 将测光模式设置为点测光模式，针对人物的面部测光，以得到准确的曝光。

5 将镜头对准人物面部，半按下快门对焦和测光，然后重新构图完成拍摄。

1. 什么是对焦

所谓对焦就是一个确定被摄物体距离的过程。数码单反相机有两种对焦模式：自动对焦模式和手动对焦模式。在拍摄过程中，焦点的确定能使画面内容主次分明，有利于确定拍摄主题。

2. 自动对焦的操作方法

在复杂场景中采用自动对焦，应先将相机的对焦点对准被摄主体，然后半按下快门，则相机就会自动寻找焦点，如对焦完成，在相机的取景屏中的对焦点会发出提示，显示对焦点位置，而下面的合焦指示灯会长亮（不同机型会有不同显示方法，可参阅说明书），这时再完全按下快门。当完全按下快门时手不要马上松开，要等拍摄完成后再松开，这是因为手持相机拍摄时，立即松开快门，相机很容易发生抖动而造成照片模糊。

↘ 女孩头带花环，对着镜头微笑，手自然地放在脸庞上，拍摄者利用大光圈将背景的树林虚化成一片黄色，使画面中的人物突出，活泼可爱

◎ 焦距	✳ 光圈	〰 快门速度	ISO 感光度
130mm	F4	1/125s	100

4.10 家庭集体留念照

家是一个温暖人心的地方，当一家人聚集在一起的时候，常常会一起拍摄几张全家福，所以一个家庭的集体照除了具有留念意义之外，也给观赏者传达了一种温暖、和谐、美满的感觉。

↘ 开启自拍功能留下足够的准备时间

家庭的集体留念照，能最大程度地表现一家人其乐融融的欢乐场面，当拍摄家庭集体留念照时，如果没有外人在场，拍摄者需要用三脚架固定相机的位置；如果没有三脚架可以用桌子或是同等高度的平台放置相机，然后开启相机的自拍功能，给自己留下足够的时间进入画面和全家人有足够的准备时间，以便拍出自然、和谐、美满的家庭合照。

↑ 年轻的父母搂着可爱的孩子，大家眼睛的焦点望向镜头，由于有十秒的延迟时间，有足够的准备时间，画面亲切自然且不显得仓促

◎ 焦距	✴ 光圈	≋ 快门速度	ISO 感光度
70mm	F5.6	1/60s	160

重要步骤与相机设置

1 将拍摄模式设置为光圈优先模式（Av/A），在保证景深合适的前提下选用较大光圈，提高画面的清晰程度，将人物很好地融入环境。

2 将对焦模式设置为自动对焦，选择单次自动对焦选项，提高拍摄人像时对焦的准确性。

3 选择评价测光模式，保证画面整体曝光正确。

4 开启自拍功能，使用十秒延迟拍摄，让拍摄者在按下快门后有充足的时间进入画面，使画面自然。

▌单反达人经验之谈

一般来说，拍摄集体照或是家庭合照，拍摄者都是想要表现一种其乐融融的欢乐气氛，所以调动被摄者的情绪十分重要，拍摄者在拍摄前要事先跟大家沟通好，拍摄者一喊"123"，大家就齐声喊"茄子"，从而让拍摄出来的画面中大家的表情都生动，都具有感染力。

4.11　青春活力的校园写真

结合校园的环境，拍摄青春活力的人物写真，再现纯真时代的校园生活画面，让人物融入校园环境中，可以将人物的青春活力表现得更好。

> 📷 ↓ 画面中的少女穿着白衬衫、格子裙，手中握着平板电脑，在校园的独特场景下，整个画面表现出活泼、纯真的效果

◉ 焦距	✳ 光圈	⟋ 快门速度	ISO 感光度
78mm	F4	1/500s	100

↘ 真实还原校园的独有场景

在人像摄影中衬托人物的陪体元素是必不可少的，拍摄青春活力的校园写真，拍摄者可以还原校园的真实场景来表现女孩青春年少的气质，使画面具有较强的视觉吸引力。

重要步骤与相机设置

1 拍摄者要考虑好校园里合适的拍摄场景，以及人物的姿势、拍摄角度和画面的景别。

2 将拍摄模式设置为光圈优先模式（Av/A），选用适中的光圈，表现人物与环境的关系。

3 将感光度最好设置在400以下，100为最佳，以保证画面足够干净、细腻。

4 将测光模式设置为点测光模式，针对人物的面部进行测光。

5 将镜头对准人物的面部，半按下快门对焦、测光，然后重新构图完成拍摄。

> ▌单反达人经验之谈
>
> 拍摄者要注意选取校园中具有代表性的场景，模特穿着要与校园相适应，最好的表现方式之一是让模特穿着校服衣裙，或是借助书包、书本等辅助道具来表现画面的校园氛围。同时拍摄者需要引导被摄者，让被摄者在拍摄时肢体动作活泼、表情自然。

↘ 巧妙构图表现青春时光

拍摄校园环境下的人物写真，拍摄者可以从校园的环境、当时的光线、模特的穿着姿态等方面考虑构图，拍摄者要在画面中加入自己想要表达的意境，利用巧妙的构图，表现人物特定的经历与特征。

重要步骤与相机设置

1 拍摄前要考虑各方面的因素进行构图。

2 将照片风格设置为人像风格，以使拍摄出来的人物色彩更加饱满，画质更加细腻。

3 将感光度设置为100，以保证画面的清晰度。

4 测光模式使用点测光，针对被摄者面部测光。

5 将镜头对准被摄者的面部，半按下快门对焦、测光，然后重新构图完成拍摄。

↘ 女孩坐在校园中铺满黄叶的大树下，望向远方，拍摄者在画面中为她留下了足够的视向空间，怀中的书本、身旁的书包，真切地向我们表现出校园氛围，背景中一排排树木被虚化，但是画面的视觉延伸感良好

◎ 焦距	✿ 光圈	≋ 快门速度	ISO 感光度
50mm	F2.2	1/1000s	800

↑ 女孩站在校园中某个镶满吉他的建筑物前，拍摄者利用低角度仰拍，使女孩的身姿更显修长

焦距	光圈	快门速度	感光度
17mm	F4	1/1s	125

4.12 铁轨旁的怀旧人像

借助铁轨拍出人像作品的怀旧意味是一个很好的选择，铁轨的规则线条与蜿蜒伸向远方的曲线走势，可以使画面有一种意味深长的感觉，让整个画面溢满怀旧的意味。

↘ 利用铁路构图表现浪漫气息

铁轨的规则线条与蜿蜒伸向远方的不规则走势可以有多种构图方式，所以利用铁轨来变换构图拍摄铁轨旁的人像作品，可以很好地表现其怀旧意味。

重要步骤与相机设置

1 选择比较安静、周围环境不杂乱的铁轨，抓住过车少的时段进行拍摄，按照构图的美观方法，安排好人物在画面中的位置。

2 在人物的服装搭配上要与背景环境的铁轨相衬，以打造怀旧风格，拍摄时还可以适当降低饱和度。

3 将感光度设置为100，以保证有足够清晰的画面质量。

4 将测光模式设置为多分区测光模式，以保证画面曝光正确。

5 将镜头对准人物的面部，半按下快门对焦和测光，然后重新构图完成拍摄。

> **▌单反达人经验之谈**
>
> 在千篇一律的铁轨中挖掘独特的线条构图，例如两条铁轨交汇处的交叉线，这样的构图会让画面有一种融合感；再例如铁轨转弯处的曲线，在画面中弯曲的线条有一种独特的美。拍摄者还可以借助其他利于表达拍摄效果的辅助道具，或是铁轨旁的围栏标示等进行拍摄。

↑ 女孩安静地坐在铁轨上，身旁放着吉他，铁轨向远方延伸，画面的纵深感十足，画面看起来很舒服，不会显得太满

◉ 焦距	✺ 光圈	☰ 快门速度	ISO 感光度
82mm	F6.3	1/200s	100

↘ 使用特殊色彩营造怀旧的气氛

黑白色或者昏黄色都是摄影师们钟爱的色系，因为它们能呈现一种独特的表现力。在拍摄铁轨旁的人像作品时，运用这样的独特色彩，能更好地表现画面的怀旧气氛。

重要步骤与相机设置

1 拍摄前将相机调到RAW格式，以方便后期将照片处理成黑白色或是昏黄色，拍摄者要谨慎搭配模特的服饰色彩，注意与背景的对比。

2 将模式拨盘调到光圈优先模式（Av/A），选用较大的光圈，以突出主体。

3 将感光度设置为100，如光线不足，可适当调整，但最好不要超过400，以保证画面质量。

4 将测光模式设置为评价测光或矩形测光，对画面进行测光。

▍卡片机怎么拍

几乎所有的卡片机都能将相机调整成黑白模式，一些卡片机还可以调出怀旧的昏黄效果的色调。较高级的卡片机有光圈优先等创意模式，也可以使用RAW格式存储，这样不仅可以通过白平衡的设定来改变画面的色调，也可以在后期通过软件很方便地调出画面的色彩。

● 焦距120mm　光圈F5.6
快门速度1/200s　感光度100

4.13 活力宠物互动人像

青春活力的人物与活泼好动的宠物组合在一起的画面能碰撞出意想不到的"火花",拍摄者可以利用人物与宠物的互动来凸显人物的开朗气质,同时让画面极具故事性。

↘ 连续对焦捕捉最有趣的瞬间

连续对焦是一个焦点追踪过程,要通过焦点检测、同步驱动、综合运算、伺服确认等多个步骤来完成,当人物与宠物产生互动时,人物与宠物的动作和姿势都在变化,拍摄者可以通过连续对焦捕捉他们在玩耍中最有趣的瞬间。

重要步骤与相机设置

1 将拍摄模式设置为光圈优先模式(Av/A),使用较大的光圈得到较小的景深,以突出人物和宠物的互动。

2 将感光度设置为100,以保证画面质量。

3 测光模式选用中央重点测光模式。

4 连续自动对焦,半按下快门让镜头跟随人物移动,然后构图完成拍摄。

> **■ 单反达人经验之谈**
>
> 连续对焦是一个高效快速的过程,能在短时间内跟随主体的移动进行对焦,可以捕捉到动态事件的发展过程,所以在拍摄与宠物互动的人像时要利用连续自动对焦模式,在对焦点对准主体后半按下快门并随着画面中的主体移动。

↑ 女孩伸出双手,引导灰色的宠物狗向上跳跃,女孩开心地笑着,拍摄者利用连续对焦捕捉到这一有趣的画面

◉ 焦距	❋ 光圈	〰 快门速度	ISO 感光度
78mm	F2.8	1/160s	100

4.14 可爱的婴儿照

可爱的婴儿虽然没有行走能力，也没有丰富的语言，但是他们有着极富表现力的表情，他们的喜怒哀乐都有自己的情绪在变化，所以他们笑，他们哭，他们皱眉，他们张嘴，都是他们的表达方式，这些无拘无束的表情，总能让人动容。

↘ 选择俯拍角度表现婴儿的安静睡姿

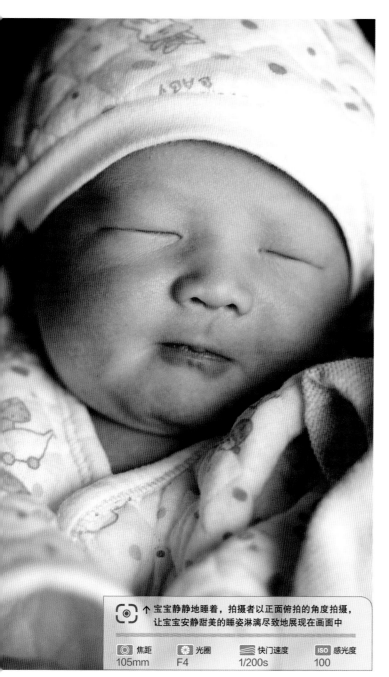

除了婴儿活泼的闹腾，一天中他们有一半的时间是在褪褓中安静地睡觉，这时候的婴儿虽然闭着眼睛，但是一样有安静、可爱的表情，拍摄者可以利用大角度的俯拍表现婴儿的睡姿。

重要步骤与相机设置

1 等待婴儿睡着的时刻，并在拍摄时保持安静。

2 将拍摄模式设置为光圈优先模式（Av/A），选用较大的光圈，虚化背景，突出画面主体人物。

3 将感光度设置为400以下，最好为100，以保证画面质量。

4 将测光模式设置为点测光模式，针对人物的面部测光，以得到准确的曝光。

5 将镜头对准人物面部，半按下快门对焦，然后重新构图完成拍摄。

> **▌单反达人经验之谈**
>
> 婴儿睡觉需要一个安静的环境，拍摄者在拍摄宝宝睡姿的时候要尽可能地保持安静，尽量不要发出声响，更不能使用闪光灯，以免吵醒宝宝。拍摄躺姿睡着的婴儿一般采用大角度的俯拍，以便最大程度地展示宝宝酣睡的姿态，也可以变换其他角度拍出不同的甜美睡姿。

↑ 宝宝静静地睡着，拍摄者以正面俯拍的角度拍摄，让宝宝安静甜美的睡姿淋漓尽致地展现在画面中

◎ 焦距	☀ 光圈	≋ 快门速度	ISO 感光度
105mm	F4	1/200s	100

↘ 吸引婴儿拍下瞬间表情

　　婴儿的肢体活动较少，但是面部表情极为丰富，拍摄者将那些无忧无虑的天真表情用画面记录下来是很吸引人的。在拍摄的时候，拍摄者要用有趣的物体引起婴儿的注意，拍下他被吸引的瞬间表情画面。

重要步骤与相机设置

1 吸引婴儿的注意，并抓住时机拍下婴儿的表情变化。

2 将拍摄模式设置为光圈优先模式（Av/A），选用较大的光圈，虚化背景，突出画面主体人物。

3 将感光度设置为400以下，最好为100，以保证画面质量。

4 将测光模式设置为点测光模式，针对人物的面部测光，以得到准确的曝光。

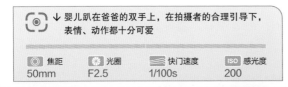

↓ 婴儿趴在爸爸的双手上，在拍摄者的合理引导下，表情、动作都十分可爱

◎ 焦距	⚙ 光圈	〰 快门速度	ISO 感光度
50mm	F2.5	1/100s	200

延伸学习
不同反光板的选购与应用

　　白色反光板：对光的反射强度最弱，所以白色反光板反射的光柔和、自然，可以让阴影部位的细节更多一些，一般用于光线反差不大的场合。

　　银色反光板：银色反光板明亮如镜，所以能产生更明亮的光，是最常用的一种反光板。适用于反差较大的场合，还能在远处为无法靠近的区域补光，特别是用这种光拍人像时，可以利用它明亮的反光来使人眼看起来更传神。

　　金色反光板：反光强度和银色反光板一样，因为是金色的，所以反光效果类似太阳光。金色反光板适用于光线不好的阴天或者用来营造金色光线的时候，有时还可以作为主光使用。

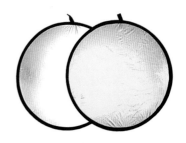

❶ 银色反光板和金色反光板

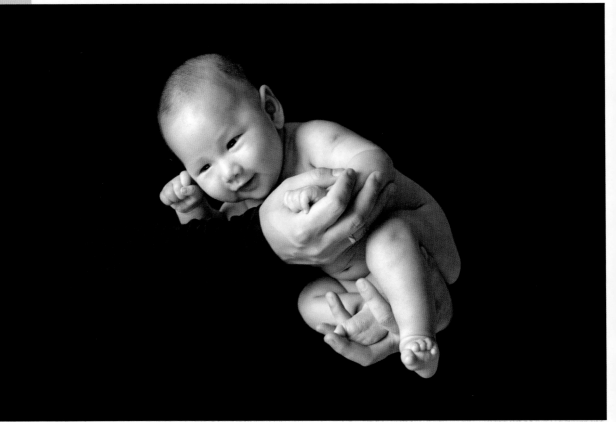

4.15 家居快乐儿童人像

室内的活动空间有限，拍摄者在拍摄室内儿童时既可以表现他们的活泼可爱，又可以用巧妙的方式让他们安静下来，记录其安静的状态，在室内从不同角度表现孩子的天真童趣。

↘ 拍摄儿童各种可爱的姿势或手势

大人往往猜不透儿童的内心世界，所以在拍摄儿童的时候一定不能急，需要用正确的方式或是吸引儿童的道具来引导儿童，朝着摄影师构想的方向发展，或是摆出拍摄者需要的姿势和表情。

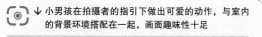

↘ 小男孩在拍摄者的指引下做出可爱的动作，与室内的背景环境搭配在一起，画面趣味性十足			
◎ 焦距	❋ 光圈	〰 快门速度	ISO 感光度
55mm	F5.6	1/125s	100

重要步骤与相机设置

1 选择合适的室内场景，事先与被摄儿童交流，指引他们摆出可爱的手势或是姿势。

2 将拍摄模式的拨盘转到手动模式（M），可以先将光圈调到中等大小进行试拍，再通过画面效果来调整光圈值，以保证画面的合理曝光。

3 将感光度调到100，以确保画面的清晰度。

4 将镜头对准人物的面部，半按下快门对焦，再重新构图完成拍摄。

▌单反达人经验之谈

儿童对事物的反应不一样，要引导他们进行拍摄要先了解不同年龄段对事物的不同反应。两岁的幼儿对什么都有点好奇，可以通过悦耳的声音或是比较感兴趣的玩具来吸引他们的注意力，抓住有趣的瞬间进行拍摄；再大点的儿童他们已经有了自己的想法，所以在拍摄之前可以和他们进行沟通或说些他们感兴趣的话题来吸引他们的注意力，从而带动他们的拍摄情绪。

4.16 户外儿童运动人像

室外有较为广阔的天地，而孩子天生好动，当孩子在室外无拘无束地自由玩耍时，就可以抓住时机，定格一些自然、纯真的画面，将孩子的天真、无邪淋漓尽致地表现出来。

↘ 利用特写抓拍儿童开心的笑脸

特写就是画面视觉表现的最大化，在拍摄室外玩耍的儿童时，拍摄者可以利用特写抓拍儿童的开心笑脸，表现孩子的天真童趣。

↘ 利用长焦镜头捕捉远处奔跑的儿童的运动瞬间

◎ 焦距	✳ 光圈	〰 快门速度	ISO 感光度
200mm	F2.8	1/400s	320

重要步骤与相机设置

1 观察被摄儿童，随时用镜头对准儿童，抓拍他们的开心瞬间，用特写拍摄。

2 将拍摄模式设置为光圈优先模式（Av/A），利用较大的光圈得到较浅的景深，以突出人物面部。

3 将感光度调到100，以确保画面细腻。

4 测光模式选用中央重点测光模式，针对儿童的面部测光，以得到准确的曝光。

5 将镜头对准孩子的面部，半按下快门对焦，然后全按下快门完成拍摄。

▌单反达人经验之谈

拍摄儿童的特写画面需要形象饱满，取景时可以不带背景，如果要在画面中加入背景，拍摄者需要选择纯色或是色彩较鲜艳的环境，使画面明亮好看，为了突出面部形象，给观赏者留下强烈的视觉印象，拍摄者需要选取恰当的拍摄角度，一般以表现四分之三面部特写为最佳。

↘ 选用高速快门定格儿童玩耍的瞬间

　　孩子都拥有好动的本性，在室外玩耍的孩子几乎每时每刻都在运动，拍摄者要想捕捉孩子的玩耍瞬间，可以选用高速快门在画面中定格孩子的动作，拍摄出孩子玩耍的清晰画面。

重要步骤与相机设置

1 观察被摄儿童的动态趋势，选用中长焦、大光圈的镜头在远处抓拍，以方便构图和提高快门速度。

2 将拍摄模式设置为快门优先模式，并选用较高的快门速度。

3 将感光度调到100，如果光线不够，可将感光度调至400，以确保画面的亮度。

4 测光模式选用中央重点测光模式，针对人物主体测光，以得到准确的曝光。

5 选用连续自动对焦，以便于抓拍。

卡片机怎么拍

　　拍摄者利用卡片机拍摄玩耍中的儿童时，因卡片机较小，携带起来比较轻便。但在拍摄时，由于卡片机的焦距不够长，在拍摄时要尽量靠近孩子，同时还要选择高速快门，清晰地定格孩子的玩耍瞬间。

焦距13mm
光圈F2.8
快门速度1/500s
感光度100

↘ 孩子在游泳池的水花中快乐地摆动手部，拍摄者利用高速快门抓拍到这一清晰画面，很好地表现出孩子的活力

◉ 焦距	✺ 光圈	≋ 快门速度	ISO 感光度
70mm	F4	1/1250s	100

4.17　光鲜亮丽的舞台人像

　　舞台装饰华丽、灯光绚烂，站在舞台上的人物都是盛装打扮，拿出最好的状态展现给台下的观众。拍摄这一类的人像作品时，拍摄者需要注意舞台的布置、灯光的照射和舞台上人物的位置和动作，拍摄出完美的舞台人像。

↘ 自动白平衡配合RAW格式表现自然肤色

　　舞台灯光效果千变万化，要在这样多变的光线中拍好人像照片，同时表现一种气氛，拍摄者需要在拍摄前将相机设置为RAW格式，并选用自动白平衡模式，以便于后期调整时使画面中的人物表现出自然的肤色。

　　↑ 舞台上的歌手正在动情演唱，拍摄者选用自动白平衡，并充分利用现场环境光线，抓住这一瞬间拍摄，画面曝光准确、人物表现自然

焦距	光圈	快门速度	ISO 感光度
70mm	F4	1/320s	800

要步骤与相机设置

1 控制好相机的镜头焦距，一般使用中焦到长焦的变焦镜头，以方便随时跟随人物的位置，抓准时机进行拍摄。

2 将拍摄模式设置为快门优先模式（Tv/S），使用较高的快门速度抓拍瞬间，使用低速快门营造动态人像。

3 为了保证在较高的快门下有清晰的成像，可使用较高的ISO。

4 将测光模式设置为点测光，正对人物进行测光。

5 将相机设置为RAW格式，选用自动白平衡拍摄，以便于后期调整。

6 拍摄时使用自动对焦，以便于抓拍。

↘ 使用长焦镜头拍摄演员的瞬间神情

当拍摄者无法靠近舞台上表演的被摄人物时，可以利用长焦镜头将两者拉近，因为用长焦镜头拍摄，不仅能更加突出主体，刻画人物细节，同时还能较大程度地虚化背景，为被摄主体营造一个简单、干净的背景画面。

重要步骤与相机设置

1 选用大光圈的长焦镜头，并将拍摄模式设置为快门优先模式（Tv/S），使用高速快门抓拍人物的瞬间神情。

2 拍摄者可以选用连拍和连续对焦拍摄，以便更好地抓住某一刻的精彩。

3 可适当提高感光度，APS-C相机一般是ISO400-800，全画幅相机一般是ISO800-1600。

4 测光模式选用点测光模式，针对人物主体进行测光。

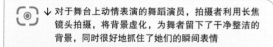

对于舞台上动情表演的舞蹈演员，拍摄者利用长焦镜头拍摄，将背景虚化，为舞者留下了干净整洁的背景，同时很好地抓住了她们的瞬间表情

◉ 焦距	✿ 光圈	≋ 快门速度	ISO 感光度
200mm	F2.8	1/400s	800

延伸学习

长焦镜头能突出摄影者眼中的兴趣点

长焦镜头是指焦距长于135mm而短于300mm的镜头。200mm左右被称为普通望远镜头，300mm以上的则称为超长焦镜头，也称超望远镜头。

长焦镜头可用于多种题材，如人物、风光、体育运动、舞台表演，还可用在野生动物摄影领域，或是把离得很远的目标拉近进行特写拍摄时，也可用在动物园不能靠近时使用。

由于长焦镜头具有较长的焦距，不采用较高的快门速度拍摄被摄体，影像会由于抖动现象而发虚，从而拍不出清晰的照片。长焦镜头的焦距比标准镜头长几倍，快门速度必须更短，且不得慢于镜头焦距数的倒数，这样才能保证被摄物体清晰。

➊ 佳能 EF 70-200mm F4 USM

➊ AF-S 尼克尔 70-200mm F2.8G ED VR

▌单反达人经验之谈

在拍摄舞台人像的时候，拍摄者对人物及背景曝光的控制非常重要，这对整个画面的气氛营造、人物表现等都是有很大影响的。舞台上表演的人物通常处于运动状态，如果要抓拍人物的动态瞬间，需要使用高速快门，将人物清晰地定格在画面中。由于舞台现场光线往往变化万千，经常会出现光线不足的现象，因此要适当提高感光度，此时可将感光度调整到ISO400～ISO800，以保证快门速度。

↑ 利用长焦镜头捕捉戏曲演员亮相的瞬间，感觉演员就在我们眼前，脸上的表情清晰可见

◎ 焦距	✳ 光圈	〰 快门速度	ISO 感光度
200mm	F2.8	1/500s	800

4.18 活力四射的运动人像

生命的无限活力往往是通过运动表现出来的，而拍摄运动人像非常考验拍摄者的摄影技术，因为人物在不停地运动，要将运动中的人物清晰地定格在画面中，需要一定的拍摄技巧，下面来研究一下拍摄运动人像的技巧。

↘ 选用高速快门速度定格运动员的动作

运动员在激烈的运动中总是在不停地变换动作和位置，当拍摄者想要拍下运动员在激烈运动中的某个动作时，可以利用连拍模式加连续对焦，清晰地将人物的瞬间动作定格在画面中。

重要步骤与相机设置

1 将拍摄模式的转盘拨到快门优先模式（Tv/S），使用高速快门速度抓拍瞬间。

2 感光度可根据环境光线设置，但最好不要超过ISO800。

3 测光模式选用中央重点测光模式，针对人物主体进行测光。

▌单反达人经验之谈

拍摄运动题材的照片，拍摄者最好使用人工智能自动对焦模式（在佳能的对焦模式中是AI SERVO，在尼康的对焦模式中是AF-C），这种模式可以帮助摄影者进行连续对焦，使被摄人物时刻保持焦点清晰。在拍摄时需要选择快门优先模式，以保证拍摄时获得最清晰的画面效果。

↑ 拍摄者利用高速的快门速度捕捉到运动员奔跑的瞬间动作，将她的整个身姿都清晰地表现在画面中

◎ 焦距	✳ 光圈	≋ 快门速度	ISO 感光度
110mm	F3.5	1/1000s	200

↘ 选用低速快门速度表现动感趋势

我们在快速奔跑或是剧烈的运动时，会有一种强劲的动势，拍摄者想要将这种动势巧妙地表现在画面中，可以利用低速的快门速度，让人物在画面中出现一种动感模糊，表现一种运动趋势。

重要步骤与相机设置

1 将拍摄模式的转盘拨到快门优先模式（Tv/S），使用低速快门营造一种动态趋势。

2 将感光度设置为100，以保证画面质量。

3 测光模式选用中央重点测光模式，针对人物主体进行测光。

◎ ↓ 在赛跑比赛开始的瞬间，拍摄者选用较低的快门速度拍摄运动员们起跑的姿势，他们的身姿在画面中出现了一定程度的动感模糊，画面动感十足

◎ 焦距	✳ 光圈	◢ 快门速度	ISO 感光度
200mm	F14	1/30s	100

延伸学习
了解一下变焦镜头

单反镜头按焦距是否可变划分为定焦镜头和变焦镜头。定焦镜头只有唯一一个焦距，而变焦镜头可以在一定的焦距范围内调节焦距，因为它拥有两个可以转动调节的操作区，分别实现手动对焦和变焦操作的功能。

镜头虽然都具有多级光圈，但并不是所有光圈都能保证具有最佳的光学质量。在最大光圈位置将镜头光圈收缩2~3级，如最大光圈为F2.8，收缩2级为F5.6；或是在镜头的最小光圈位置调大光圈2~3级，如最小光圈为F22，那么增大2级为F11。这样F5.6~F11就是这支镜头的最佳光圈，使用这一段光圈值拍摄可以获得最佳的光学质量。虽然这不是一个绝对值，但多数镜头在成像上都有这种趋势。

❶ 佳能18-135mm变焦镜头

❶ 尼康18-105mm变焦镜头

↘ 采用特写从个体表现整体运动氛围

人像摄影中的特写就是表现人本身，而在激烈的运动中运用特写是通过刻画运动员的奋力拼搏来表现整个运动现场的火热气氛，这种以小见大的表现方式十分具有表现力。

重要步骤与相机设置

1 在运动场景下寻找合适的被摄运动员个体进行拍摄。

2 将拍摄模式的转盘拨到快门优先模式（Tv/S），使用高速快门抓拍瞬间，使用低速快门营造动态人像。

3 可根据环境光线设置，但最好不要超过ISO800。

4 将测光模式选用点测光模式，针对人物主体进行测光。

5 拍摄时使用自动对焦，以便于抓拍。

延伸学习
感光度与快门速度

在同样的曝光条件下，感光度的高低与快门速度成正比。感光度越高，快门速度越快，感光度越低，快门速度越慢。

所以当环境光线不足时，摄影者可以通过提高感光度来获得更快的快门速度，从而拍摄出清晰的画面，不过需要注意不能使用太高的感光度，以避免画面出现难看的噪点。

◎ ↓ 对于奋力拼搏的跳高运动员，拍摄者选择了运动场中这一单独个体的特写抓拍，以及虚化的背景观众席，生动地表现了整个运动场的激烈场面

◎ 焦距	✦ 光圈	≋ 快门速度	ISO 感光度
90mm	F4.5	1/250s	400

↘ 选用慢速快门将运动的人群虚化成光影

城市夜景的街道，华灯初上、霓虹旖旎，拍摄者在这样迷人的光线下拍摄城市街道的人流，可以选择使用较慢的快门速度，将运动的人群虚化成一些特殊形态的光影，这样更能增加画面的美感。

重要步骤与相机设置

1 选择都市夜景的繁华地段，在具有特色的景点前选景构图，选择人流量较多的时段拍摄。

2 在拍摄前架好三脚架，防止拍摄时相机的抖动造成整个画面不清晰。

3 将拍摄模式设置为快门优先模式（Tv）或是B门，利用慢速快门表现流动的人群和霓虹灯的光影效果。

4 将感光度设置为100，以保证画面的清晰度。

5 将测光模式设置为点测光，针对画面中较亮的位置测光，以得到准确的曝光。

> 📷 ↘ 人群簇拥在灯火明亮的夜晚街道上，拍摄者利用慢速快门将许多动态的人们虚化成美丽的光影，表现了都市夜生活的精彩

📷 焦距	✳ 光圈	〰 快门速度	ISO 感光度
35mm	F3.5	1/2s	100

延伸学习
如何用好B门

B门也称为手控快门，是指按下快门时快门打开，开始曝光，松开快门，快门关闭，停止曝光。也就是说，B门是由快门按下时间的长短来决定每一次曝光时间的，无须设定曝光时间，可以自由控制。

使用B门时因为需要长时间曝光，所以要避免相机的抖动，其中一个最好的方法就是，使用三脚架加用快门线，可有效避免相机抖动。拍摄时要注意选择稳定的地面，在一些类似跨江大桥的地方拍摄，当汽车往来时也会产生震动，因此一定要等汽车过后并稍等一定的时间拍摄。

❶ B门示意图

第5章
你不能不拍的6个花卉题材

春、夏、秋、冬时节交替，各种各样的花朵是拍摄者不能不拍的对象。虽然鲜花随处可见，但是花卉摄影却比其他景物拍摄更需要留心观察。本章以7个常见的花卉题材来介绍花卉的拍摄方法。

5.1　缤纷的郁金香

不论是拍摄郁金香还是其他花卉，一幅优秀的花卉作品都必须具备鲜明的主题、完美的用光、简洁的构图及和谐的色调，下面来看看如何在拍摄郁金香时达到这4点要求。

↘ 选择晴朗的天气还原郁金香的鲜艳色彩

拍摄郁金香，要通过用光、构图、色调对比、景深控制等技术手段把最引人入胜的地方突出出来。

从光线条件上来说，应该选择晴朗天气光线比较好时拍摄，因为晴朗天气的直射光线更容易突出郁金香的色彩和造型。不过，不是任何直射光线都可以选用，拍摄一般避免用中午时段的光线，因为这个时段的光线太强烈，容易造成细节损失。

光线的方向以顺光和前侧光最为简单，而逆光容易画出花卉轮廓，使质地薄的花卉透亮动人，且能隐藏杂乱的背景，让郁金香的色彩更加出彩。

重要步骤与相机设置

1 为了让后期调整不丢失细节，拍摄前将存储格式设置为RAW。

2 在晴朗的光线下拍摄，建议将测光模式设置为点测光模式，以使曝光更准确。

▌单反达人经验之谈

拍摄郁金香应善于运用对比手法，如虚实对比、色彩对比、明暗对比、位置对比、形状对比、透视对比等，以提高照片的感染力。当然，这些对比要求摄影者有细微的观察力，以便对环境、光线条件扬长避短地加以利用，使所拍摄的郁金香形神兼备。

↑ 春季到来，五彩的郁金香鲜艳盛开，这些色彩优美、外形动人的鲜花在晴天的阳光下显得更加动人

◎ 焦距	✳ 光圈	≋ 快门速度	ISO 感光度
45mm	F6.7	1/90s	100

↴ 使用微距模式拍出郁金香花朵的质感

如今的单反相机都有很多种拍摄模式，微距模式就是其中一种。在微距模式下，数码相机的光圈值会调得较大，基本在最大值到中间区域范围内自动设置。采用这样的设置可以强调前后的虚化效果，使合焦部分更加醒目，以凸显主题。

用微距模式拍摄时，要注意尽量使用简单背景，这样才能得到虚化和简化的背景。拍摄要尽可能地靠近主体，尽量用长焦端，这些都是增强虚化的必要手段。当然，如果可以最好配合微距镜头，以使花卉的细节得到最大突出。

重要步骤与相机设置

1 将数码相机上的拨盘调至微距模式，通常，微距模式的标志是一朵小花。

2 如果光线不够好且需要较长的曝光时间，最好使用三脚架保持相机稳定。

3 使用点测光模式对花朵亮部进行测光。

▌卡片机怎么拍

如今的卡片相机都有微距拍摄模式，而且卡片机的微距模式往往比单反没有用微距镜头时具有更大的放大倍率，所以当使用它拍摄郁金香时直接将拍摄模式调到微距模式即可。

在微距模式下，卡片相机或单反相机的ISO感光度都将设置为自动，以防止因曝光时间过长而出现的画面模糊。但是，如果感光度过高则会出现噪点，影响画面质量。所以，如果微距模式下的感光度过高，拍摄者可适当考虑是否采用这种模式。

🄯 焦距9.8mm　光圈F8
　快门速度1/150s　感光度100

↑ 在微距模式下拍摄出的郁金香比一般模式显得更精细，细节得到突出

🔘 焦距	❋ 光圈	🗏 快门速度	ISO 感光度
90mm	F2.8	1/2000s	100

5.2　圣洁的樱花

春天到来，粉色的樱花灿烂盛开，成为拍摄者表达情感的最好题材。在拍摄樱花时，大家要稍微注意以下几点，从而拍出满意的照片。

↘ 选好光线拍出阳光铺洒的大片樱花美景

大师们常说一句话：好照片一定要有好的用光。对于在室外拍摄樱花更是这样，尤其是在大片大片的樱花树前。

拍樱花的角度可以是多种多样的，光线选择也是多种多样的。摄影师可以发挥创造性做各种尝试，比如正面光饱和度最浓，侧面光能表现花的质感，逆光会产生轻柔的半透明感或是剪影效果，不过无论是何种光线都不能太强烈，以免造成曝光过度。

重要步骤与相机设置

1 拍摄时将数码相机的感光度ISO设为100，将白平衡设置为自动。

2 如果对曝光把握得比较准确，建议用M挡，这样更容易得到理想的曝光效果。

3 如果拍摄时有薄雾，为了增强画面层次感，要注意前景的运用。

↑ 春日的晨光从遥远的地方照射到樱花林，这种光线将画面渲染成暖红色，逆光方向的光线也把花瓣照亮，使其亮丽、漂亮

◉ 焦距	✿ 光圈	▤ 快门速度	ISO 感光度
35mm	F16	1/400s	100

▌单反达人经验之谈

突出樱花的3种常见的方式

（1）微距镜头。微距镜头是为拍摄特写而生的，不仅能在最大程度上避免环境对于拍摄主体的影响，而且能对一小簇樱花的美与雅进行淋漓尽致地诠释。

（2）长焦镜头。使用长焦镜头不仅能实现背景虚化，还能对背景形成有效地裁剪，将不必要的杂乱背景放到取景框之外。

（3）大光圈。大光圈能够实现非常好的背景虚化效果，这样拍摄樱花时就不会有杂乱的背景夺走"眼球"了。用大光圈营造极小的景深或直接设置微距拍摄，能造就清晰的花蕊与朦胧的背景。

❶ 焦距100mm　光圈F3.2
快门速度1/500s　感光度100

↘ 以独特的视角呈现樱花的独特魅力

在一棵樱花树上有成千上万朵樱花，哪一朵才是最美丽最值得我们去按下快门的呢？这就需要寻找一个独特的视角，让樱花散发其独特的魅力。

樱花花色比较浅，成团成簇的，单朵比较小，往往没有绿叶的衬托，看起来开得热热闹闹的花儿很难拍出新鲜感，要想使被摄的花朵更突出，可以选择与花的颜色影调不同的背景，蓝天就是最好的背景，可以充分衬托出花的亮丽。

取景时特写和近景拍摄既能够表现樱花的娇嫩，也能够表达花朵的细节和质感。如果赶上阴天也不要气馁，尽量找到绿色的树叶来做背景，同样能对比出樱花的娇美。

重要步骤与相机设置

1 拍摄樱花也可以用微距镜头，这样可以使樱花的花型得到更细致地表现。

2 用微距镜头拍摄时，不要使用最大光圈，以保持花卉画面的景深。

■ 卡片机怎么拍

无论是用单反相机还是用卡片相机，拍摄樱花都有一些禁忌。比如，忌让大批的游人成为照片里的角色，尽量选择背景相对干净简洁的地方取景，如果实在有躲不开人群的情况，仰拍是一种很好的补偿办法。

另外，不要一味拍花，因为除了拍出樱花的姿态，我们还需要找一些能够反映当时环境、交代场地背景或者增加照片韵味的背景。

⊕ 焦距100mm
光圈F3.2
快门速度1/500s
感光度100

↑ 用微距镜头拍摄樱花，花瓣的色彩和形状都被细微地表现出来

◉ 焦距	✳ 光圈	〰 快门速度	ISO 感光度
100mm	F3.2	1/350s	100

↘ 为樱花巧妙搭配色彩增添画面的吸引力

　　樱花是美丽的，有着淡淡的粉色花瓣。摄影师在把焦点移至花朵的同时，也要留意背景的取舍。因为樱花本身色彩比较淡，在拍摄时一定要注意背景要和主体有颜色和亮度上的反差。

　　选取背景暗一些的场景或对比色进行拍摄，可以把淡淡的樱花从背景中突出出来。如果能拍摄到樱花树的树干，树干的颜色也可以让画面效果更具吸引力。

很多人拍摄樱花只把重点放在花上，但在这幅画面中，树干占了画面的大半部分，这种表现方式既让樱花的拍摄形式看起来更新颖，樱花的浅色调与树干的深色调也形成了良好的视觉平衡

◉ 焦距	✳ 光圈	☰ 快门速度	ISO 感光度
44mm	F86	1/400s	100

重要步骤与相机设置

1 如果在明暗反差较大的环境中拍摄，测光时建议选择点测光模式。

2 樱花的颜色比较浅，如果以天空为背景可以适当增加一些曝光补偿。

延伸学习

各种光位对樱花的造型效果

1. 顺光拍摄

顺光是摄影最常用的用光方法，顺光拍摄能够忠实地记录下樱花淡雅的特点。而且顺光下天空的蓝色很纯净，正好可以将樱花很好地表现出来。不过，如果都采用这种手法则会让欣赏者视觉疲劳。

2. 逆光拍摄

樱花的花朵密集，花形的特点不明显，其实并不适合逆光拍摄。但是樱花花瓣很薄，通光性很好，如果在拍摄大场景时逆光拍摄可以使拍出来的樱花与背景的层次感和空间感得到加强。

ℹ 焦距44mm 光圈F5.6
快门速度1/125s 感光度100

5.3　明媚的油菜花

春季到来，随着温度的提升，大片大片的油菜花相继盛开，在明媚的春光里色彩一片金黄，非常纯粹，而这大片大片的色彩也告诉我们：春天来了。

在这张画面中，虽然油菜花与普通的油菜花没有区别，但是视觉效果却与普通画面有所差别，因为鱼眼镜头给了欣赏者更新颖的画面效果

焦距	光圈	快门速度	ISO 感光度
12mm	F8	1/250s	100

↘ 把握全景构图表现油菜花的温暖明快

油菜花虽然比较小，但是大多数油菜花都是成片开放的，所以尤其适合用大全景来表现油菜花。拍摄大场景时要寻找一个较高的取景点，这样才能够俯瞰到花海起伏的全景，拍出的照片才会气势恢弘。

如果决定拍摄全景，为了让全景的气势更恢弘，在选择镜头时要相匹配，尽量选择广角镜头。如果拍摄者有超广角或者鱼眼镜头也可以拿出来试一试，说不定会得到意想不到的视觉效果。

重要步骤与相机设置

1 如果想将花田的恢弘气势拍摄出来，建议选择广角镜头。

2 构图时，如果画面中有水平线，一般将水平线放在画面上方1/3处，这样会让油菜花的面积看起来更广阔。

▎单反达人经验之谈

多人在一起拍摄同一个题材的内容时，要增加画面的表现力，除了需选择不同内容外，在取景时还要注意点与面的结合，注意景别变化。除了拍摄全景外，还可适当拍摄中景、近景等，通过不同景别的结合，全方位、立体地表现出某处油菜花特有的气氛。

❶ 焦距70mm　光圈F18
快门速度1/60s　感光度100

↘ 抓住细节特写油菜花突出质感

　　油菜花的花形不算好看，并不适合特写，不过，如果有小蜜蜂之类作为陪衬，也很有效果。

　　如果要拍花与蜜蜂的特写，最好使用微距镜头，可用三脚架固定相机，并选择蜜蜂经常光临的花朵对焦构图，等蜜蜂飞近时开始拍摄。光圈最好选择F8以上，否则如果镜头离主体很近会出现景深太浅，使画面虚化。

　　突出油菜花质感除了在镜头上要注意选择外，还要用好光线。前侧光是表现大多数景物质感的光线，所以在拍摄油菜花时这种光线非常有用。

重要步骤与相机设置

1 油菜花对图像的清晰度比较讲究，拍摄时应尽可能选择低感光度，ISO100为常用标准。

2 如果拍摄环境的光线比较均匀，可以选择评价测光或中央重点平均测光。

↑ 春季的油菜花不仅让拍摄者喜爱，也让勤劳的小蜜蜂翩然光临，拍摄时拍摄者把小蜜蜂也拍摄进来，使画面显得更生动了

📷 焦距	✳ 光圈	〰 快门速度	ISO 感光度
135mm	F5.6	1/160s	100

▌卡片机怎么拍

　　虽然卡片机的清晰度和手动操控能力都不如单反相机，但如果遇上了好的天气，且拍摄者有一定的用光和构图经验，用卡片机也能拍摄出好的油菜花画面。

　　卡片机的测光曝光能力远不如单反相机，所以最好避开逆光等复杂光线条件拍摄。在顺光环境下，卡片机容易得到好效果，因为曝光简单，而且顺光条件下天空湛蓝，能与油菜花形成鲜明的色彩对比。

● 焦距12.3mm
光圈F8
快门速度1/250s
感光度100

↘ 结合人物或房屋建筑为油菜花增添活力与灵气

通常到某一个地方拍油菜花，不是单纯地拍摄那些黄色的花朵，主要是为了表现该地区的地域风光。比如，皖南的油菜花中常常夹杂着徽派风格的民居，黄白相间、新旧相交的画面会让人有种回归乡村的感觉；而罗平油菜花与当地喀斯特地貌结合后，别具地方韵味；在婺源地区，江岭的油菜花梯田盘山而上，这种造型富有韵律感，让画面韵味十足。因此，大家应根据各地的特点有的放矢，将地域特点与菜花的清新明丽结合起来。

当然，也不一定非要到那些地域特点非常突出的地方去，在拍摄过程中只要留心构图，寻找一些合理的陪衬，如有特色的建筑、小桥流水之类，也能让照片更具有人文气息。

重要步骤与相机设置

1 为避免出现噪点，感光度最好不超过400。

2 由于油菜花本身具有接近中性灰的亮度，较适合数码相机测光系统18%中性灰的标准，一般不需做曝光补偿，如果想得到比较明快的效果，也可根据实际情况做0.3挡的曝光补偿。

延伸学习
不同光线对油菜花的造型效果

要强调油菜花颜色，使黄色的饱和度得到最佳展现，可用不太强的顺光。在顺光状态下不仅花朵颜色好，天空色彩也特别蓝，补色形成的视觉效果很强烈。

侧光较适合表现油菜花的立体层次感，如拍摄大面积场景，展现山坡等不同位置油菜花田的层次变化和立体感等，侧光不仅便于表现油菜花，对展现远山、建筑等作为陪体的景物的立体感也较有利。

逆光较适合拍摄特写或中景等，曝光准确时，油菜花和叶片的质感能得到较好地展现，如果是在漫射光下拍摄，最好选择比较简洁的背景做陪衬，否则细小的花朵容易淹没于背景之中。

◐ 焦距28mm　光圈F9
快门速度1/250　感光度100

↑ 画面背景中典型的徽居建筑虽然面积不大，却让以油菜花为主体的画面显得更有内涵

◉ 焦距	✳ 光圈	≋ 快门速度	ISO 感光度
150mm	F16	1/100s	100

5.4　绚烂的银杏

每年的十月到十一月，是拍摄银杏林的最佳时期，金黄色的银杏林，洒满银杏叶的草地，都是最能表现秋天美景的画面，因此银杏林成为广大摄友喜欢拍摄的题材。

↘ 利用晴朗天气的光线表现金黄色的银杏

银杏的叶子相对比较薄，当晴朗天气的直射光照射它时会有一种穿透力，这种穿透效果会让银杏叶的色彩看起来更鲜亮、更金黄。

而且，拍摄银杏林一般来说在早晨十点钟以前和下午三点钟以后较合适，因为这两个时段的光线相对比较柔和、细腻，还有就是普通游人在这个时段内相对少一些，对于摄友们拍摄时构图和画面简洁的影响也比较小。

银杏林的色彩并不丰富，无论树冠还是地面都是一片金黄，所以在银杏林拍摄时要寻找一定的色彩让画面更有跳跃感。

重要步骤与相机设置

1 拍摄银杏，将拍摄模式设置为光圈优先模式，将感光度设置为100。

2 如果是在大晴天拍摄，使用佳能相机的朋友建议将高光色调优先开启，这样可以让画面高光处的亮度不至于曝光过度。

▌单反达人经验之谈

逆光永远是拍摄植物枝叶最佳的光线之一。因为，植物枝叶是透明或半透明的，在阳光的照耀下，同一画面中的透光物体与不透光物体之间的亮度差明显加大，明暗相对，让原本平淡无奇的照片生动起来，充满了生机。拍摄银杏也是如此，如果用逆光拍摄，应该使用点测光对准叶片边缘测光，然后适当增加0.3EV～1EV的曝光值，以营造漂亮的逆光感觉。

↑ 冬季的阳光让人温暖，在冬季的阳光下拍摄银杏，银杏金黄色的色彩会让冬季倍感暖意

📷 焦距	🔆 光圈	〰 快门速度	ISO 感光度
135mm	F5.6	1/400s	100

➊ 焦距135mm　　光圈F5.6
快门速度1/350s　感光度100

5.5　高洁的荷花

夏天到来，荷花会成为摄影师们的热点"模特"，但你是否会觉得拍摄荷花总是千篇一律，没有任何突破呢？如果有这样的感觉，就赶快来看看本节的技巧吧，进而拍摄出不一样的荷花画面。

↘ 注意用各种拍摄要素表现荷花之美

荷花本身线条很简洁，无论是花、是叶片，还是茎，都简简单单，不枝不蔓，所以拍摄者在拍摄时要根据它的特点，做到以简洁为主。往往是构图越简洁，画面效果越好。

面对池中接天的荷花、荷叶，应该从距离、高度、花型、花色几个方面考察荷花。距离比较容易判断，根据拍摄时使用的镜头焦距，从取景器里寻找适合构图的荷花位置即可。亭亭玉立的荷花固然好看，但是需要摄友注意机位与荷花的高度关系，如果构图后荷花背景是大片天空，控制不好会失去空间感。在拍摄荷花之前，选花是一个非常重要的步骤。花骨朵部分打开、完全打开或凋谢，不同时期的荷花拥有不同的美感，这一点摄友应该灵活把握，与主题搭配为宜。

重要步骤与相机设置

1 拍摄时将数码相机的感光度ISO设为100，白平衡设置为自动。

2 如果用长焦拍摄，画面曝光时间较长，拍摄时要带上三脚架和快门线。

> ▊单反达人经验之谈
>
> 　　每天的上午七点至十点，是拍摄荷花的好时间。此时光线条件已经具备，荷花开放的状态也非常好。在湿润的天气里，荷花、荷叶还挂着露水，使照片鲜活生动。接近中午时分，荷花在烈日下会逐渐收拢，而在下午很难找到盛开的荷花。傍晚十分，映着落日的荷花，是非常美丽的题材。

拍摄这张画面时，拍摄者特别注意了主体与相机、主体与背景之间的距离，特意选择了弯曲的花枝来拍摄

◉ 焦距	✸ 光圈	快门速度	ISO 感光度
135mm	F5.6	1/125s	100

↘ 低角度仰拍带蓝天背景的荷花

在拍摄荷花时有俯视、仰视、平视3种方式，大家可根据实际情况使用。一般来说，俯视可以表现荷花的高洁，仰视表现的是荷花的高贵，而平视用得最多，配合荷叶可以表现出多种意境！但在实际拍摄中，仰视拍摄用得较少。不过正因为较少，大家才要多尝试，以得到与别人不同的照片。

仰视拍摄的优点在于能得到非常简洁的背景，而且如果朝着顺光方向拍摄，背景还会是蓝色的天空，既纯净又漂亮。

如果拍摄时天空没有蓝天、白云，千万不要停止不拍，如果天空很干净，只要让荷花曝光准确，回到家后利用后期处理软件添上蓝天也是可以的。

▌卡片机怎么拍

"大珠小珠落玉盘"的景象惹人喜爱，很多人以为这种美景只有单反相机才能拍摄出，其实用卡片机也可以做到。

拍摄首先要找准时间，大多数大珠小珠落玉盘的景象都出现在雨后初晴，因为荷花与荷叶虽然都出自水中，长在水中，但是荷叶表面有特殊构造，容不得一滴水，洒在叶片上的水会很容易如数滚落。要拍摄这罕见现象的唯一时间就是下雨以后。如果晚上下了雨且没有大风，次日就是最好的拍摄时机。

有些人喜欢在花瓣上洒水，这要看具体情况，在微微开放的荷花上洒些水问题不大，如在盛开的荷花上洒水，会使得花瓣下垂，效果反而不理想。因此即使你打算洒水，最好要先拍摄几张，然后再洒水，以便比较后作出取舍。

❶ 焦距300mm　光圈F5.6
快门速度1/300s　感光度100

↘ 拍摄以蓝天为背景的荷花最好选择在雨后的天气，因为那时的蓝天会更蓝、更纯净

◎ 焦距	❀ 光圈	≋ 快门速度	ISO 感光度
20mm	F5.6	1/40s	100

↘ 留心捕捉细节拍出荷花的残缺美

夏去秋来，荷花凋谢、荷叶残败，这种景致虽不及鲜花怒放时光鲜亮丽，但却传达出凋零的凄切之美。

决定残荷摄影成败的一个关键就是构图的形式感，换句话说，就是没能在视野中发现一个有力的视觉支撑点，也就不可能拍出一幅好的残荷画面。因此，认真观察被摄主体的线条、质感，充分利用水面倒影、环境色块和景深控制手段，可以使构图避免单调，造就意境。有了良好的意境，画面才耐看、耐品。

重要步骤与相机设置

1 拍摄残荷，要将拍摄模式设置为光圈优先模式，选择小光圈，将感光度设置为100。

2 使用佳能相机，如果是在晴天拍摄，建议将高光色调优先开启，这样可以让画面高光处的亮度不至于曝光过度。

3 测光时水面容易产生反光，为了让曝光更精确，建议用点测光。

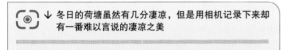

⊙ ↓ 冬日的荷塘虽然有几分凄凉，但是用相机记录下来却有一番难以言说的凄凉之美

◎ 焦距	✹ 光圈	〰 快门速度	ISO 感光度
200mm	F5.6	1/125s	100

延伸学习
拍摄荷花的注意事项

在开拍之前，要注意光线的强度和光源的走向，冬日的阳光通常较弱，所以适当地调节光比，尽量保留住更多的光影细节是很有必要的。为了使残荷摄影作品的画面显得不至于过分阴冷，一些摄友会在白平衡设定中选用阴天或阴影白平衡，以追求一种偏暖红的色调，实践证明，这样有利于使画面的整体色调变得温馨起来。

❶ 焦距180mm　光圈F7.1　快门速度1/200s　感光度100

要创新荷花的拍摄形式，其方法是多样的，这张画面拍摄者用了最简单的一种方法，即拍摄荷塘中的倒影，这种倒影呈现在画面中虚实不定，给人带来了更多的想象空间

焦距	光圈	快门速度	感光度
280mm	F5.6	1/200s	100

5.6　带着露珠的花瓣

　　清晨的朝露或者雨后的露水，总给大自然带来一些洁净和清爽，让我们更愿意去亲近自然。在这里和大家分享几个露珠拍摄技巧，希望在今后的拍摄中会对大家有所帮助。

↘ 利用柔和的自然光线表现露珠的晶莹剔透

　　露珠是雾气凝结在物体上而形成的，只要阳光一照，很快就会蒸发掉。所以，要想拍好露珠，清晨是拍露珠的最佳时间，在太阳升起之前，那时的光线是散射光，非常柔和，但需要大家提前做准备。

　　想拍到满意的露珠，要寻找有绒面的叶片或果实，如芦苇或狗尾草的叶子及果实上有绒毛的阻挡，会聚满大大小小的露珠，在阳光的照耀下，晶莹剔透、异彩纷呈。

重要步骤与相机设置

1 拍摄时最好使用自然光线，因为开启闪光灯会破坏画面效果。

2 测光时通常用点测光，以达到正常地对水滴的曝光。

3 背景最好以暗色和单色为主，这样拍出的水滴才会更晶莹剔透。

▌**单反达人经验之谈**

　　很多摄友都不太喜欢浓雾天气，因为浓浓的雾气会使空气能见度大大降低，无论拍什么都拍不出清晰通透的效果。其实这对拍摄露珠来说就不一样了，每年的冬季是拍摄露珠的最好时节。因为冬季起雾的时候比较多，露珠出现的概率会大大增加。

　　拍摄时要仔细观察水珠里面的倒影，可以通过变换水珠背面不同的景物来达到多种效果。而且拍摄这种题材对焦没那么容易，所以要尽量多拍摄，直到自己满意为止。

↑ 雨后的露珠粘在花蕾上，那种欲滴的感觉不禁让人心动，而这也正是拍摄者想要表达的美

📷 焦距	◉ 光圈	▤ 快门速度	ISO 感光度
100mm	F2.8	1/50s	100

↘ 使用微距镜头拍摄露珠

　　露珠体积很小，需要使用微距镜头才能离露珠更近，使拍出来的露珠主体突出。拍摄时，露珠后面的物体距离拍摄的露珠不能太近，以避免因背景虚化不够而显得杂乱。

　　拍摄露珠的用光比较讲究，除了光线需要柔和之外还要注意光线的方向，一般采取逆光，并选择暗一些或单色的背景，比如绿色或黄色植物。因为逆光时，受光线照射，露珠亮度比较高，与比较暗的背景形成对比，拍出的露珠显得晶莹剔透。

重要步骤与相机设置

1 微距拍摄景深比较浅，只有缩小光圈，扩大景深范围，才能把整个露珠拍摄下来。因此最好采用光圈优先模式，一般要小于F5.6，甚至达到F8~F11。

2 在雾天拍摄，如果快门速度降低，应该使用稳定的三脚架，最好结合快门线拍摄。

↘ 微距镜头下的雨滴不仅晶莹剔透，而且还有明亮的反光，是不可多得的美丽

◎ 焦距	✴ 光圈	〰 快门速度	ISO 感光度
90mm	F1.8	1/200s	100

▌卡片机怎么拍

　　如果没有微距镜头，也没有单反相机，拍摄露珠会难一些。但是只要控制好曝光，利用卡片机的微距模式也可以拍摄到露珠照片。

　　如今，卡片机也提供了一些测光模式，这就为拍摄提供了方便。拍摄露珠要以拍摄的露珠为测光点，只要它曝光准确，背景的曝光就不是那么重要了，因为露珠才是我们要表现的主体。如果选择其他测光模式，受较大面积的暗色背景的影响，相机给出的曝光值往往比较高，会使露珠过曝。

❶ 焦距10mm　　光圈F2.2　　快门速度1/100s　　感光度100

第6章

你不能不拍的10个动物题材

动物和昆虫是自然界中与人们关系非常密切的物种，它们不论是外形特征还是生活习性都具有一定的特点，是广大摄友较为喜爱的拍摄题材之一。本章从最常见的动物和昆虫入手，提供一些拍摄技法供大家学习和借鉴。

6.1 安静的动物特写

其实拍摄动物和拍摄人像有着相似的地方，当动物处于静态时，它们的表情姿态会非常有趣，摄影者可以使用特写构图来捕捉这些拟人化的画面。

↘ 捕捉动物表情的细微变化

由于是拍摄安静的动物，所以在拍摄之前，摄影者应适当地了解熟悉动物的生活习性。特别是注意观察动物细微的表情和动作神态，有助于得到精彩有趣的画面。

重要步骤与相机设置

1 不论是拍摄动物园的动物还是家庭饲养的宠物，它们最容易安静下来的时刻就是刚吃饱的那一段时间，所以最好提前寻找机位和角度，等待拍摄时机。

2 要得到特写的表情，使用中长焦镜头拍摄为宜，这样既不会打扰到动物休息，也方便得到浅景深突出主体。

3 注意使用单次自动对焦模式对准主体动物的眼睛对焦，如果主体不止一个，可以将对焦点选择在最前面的一个区域，保证其清晰可见。

▌单反达人经验之谈

很多时候摄影者可以尝试一些特殊的角度构图拍摄，特别是拍摄宠物特写时，以俯视角度来得到头大身子小的宠物大头照就是一个值得尝试的方法。

注意拍摄时以较高的视点向下拍摄，可以使用广角镜头得到更为夸张的画面效果。

⊜ 焦距16mm
光圈F4.5
快门速度1/40s
感光度400

◉ ↘ 在宠物睡觉的时候，用平视角度拍摄特写，大光圈和长焦距镜头虚化了背景，狗狗的安详神态引人注目

◎ 焦距	✳ 光圈	〰 快门速度	ISO 感光度
100mm	F3.2	1/125s	100

↑ 躺着的小猫侧着脑袋，如绿宝石般的双眼一下子成为了画面的焦点，摄影者使用大光圈来虚化其身体部分，保证眼睛局部的突出

焦距	光圈	快门速度	ISO 感光度
90mm	F3.2	1/100s	100

↘ 拍出代表性的面部局部特写

动物面部有许多有趣的欣赏点，摄影者可以截取其中最富特点的一部分进行特写，在突出动物特征的同时瞬间吸引观者的注意。

重要步骤与相机设置

1 最容易展现特点的就是动物的眼睛，这也是摄影者常常选择的局部之一，各位摄友可以先从拍摄眼睛开始着手。

2 使用光圈优先模式（A/Av）拍摄，以大光圈浅景深搭配单次自动对焦模式对准主体双眼进行对焦，以保证其眼睛清晰、明亮。

3 为了保证整体画质，将感光度调整到100即可。

延伸学习
拍摄动物身体的其他部分

除了眼睛之外，动物身体的其他局部也是可拍的素材，例如毛茸茸的爪子、粉红色的鼻子、可爱的牙齿和舌头等，摄影者最好开启相机的连拍模式，多多抓拍不同表情和姿态的画面，以方便后期裁剪使用。

● 焦距196mm　光圈F2.8　快门速度1/320s　感光度100

↘ 用长镜头远距离捕捉表情

动物天生有一种趋利避害的特性，当陌生的摄影者想要拍摄它们的表情特写时，如果靠得太近往往会惊吓到动物，得不到想要的画面，所以配备一支长焦镜头就非常有必要了。

重要步骤与相机设置

1 选择一款中长焦变焦镜头来拍摄特写为宜，一般来说，70-300mm这个焦段已经能够满足大部分的拍摄需要了，不过如果对于镜头成像品质有更高要求且资金充裕，选购一款恒定光圈中长焦镜头或长焦定焦镜头更好。

2 在拍摄前根据动物的生活环境来控制拍摄距离，如果是笼养，拍摄时只要在栅栏外即可，同时选择一个正面或侧面的角度较能抓住表情，注意使用三脚架来稳定相机，以保证主体清晰。

3 使用光圈优先模式（A/Av）拍摄，调整光圈和焦距值来控制景深，让主体在画面中得以清晰展现，同时使背景虚化模糊。

▌卡片机怎么拍

即使某些卡片机拥有8倍的光学变焦能力，对于远距离拍摄动物仍然会显不足，不过如果是拍摄自己家的宠物，那就能够得到较好的画面效果。

摄影者可以选择在室外或光线较好的场所先与宠物互动，保证两者之间的距离控制为3～5m或者更近，然后开启卡片机的运动模式进行抓拍，相信能够得到比较满意的画面效果。

↑ 摄影者以220mm的长焦端拍摄停在树枝上的鸟，准确的对焦和稳定的拍摄将主体表情完整清晰地呈现在画面当中，模糊虚化的背景也烘托出和谐的氛围

焦距	光圈	快门速度	ISO 感光度
220mm	F5.6	1/125s	100

6.2　运动中的宠物狗

小狗是常见的家庭宠物之一，它们奔跑、嬉戏及跳跃都是最佳的拍摄时机。精彩瞬间转瞬即逝，摄影者必须掌握拍摄技巧，这样才能保证得到满意成功的画面。

↘ 中等光圈兼顾速度和清晰度

大光圈虽然能够得到充足的进光量，却不容易对焦运动主体，小光圈虽然能够保证画面的清晰度，却有可能产生较慢的快门速度而导致画面模糊，所以拍摄运动中的狗最好选择一个中等的光圈来达到兼顾速度和清晰度的目的。

> ↘ 摄影者以F4的中等光圈拍摄，由于光线较为充足，把快门速度控制在1/250s，相机将小狗奔跑的瞬间清晰地记录下来

◎ 焦距	✳ 光圈	〰 快门速度	ISO 感光度
110mm	F4	1/250s	100

▮ 单反达人经验之谈

小狗运动的方向路线不是摄影者能够提前规划的，这也就造成了一定的拍摄困难，在此给大家讲解一个小窍门，让宠物能够朝着你想要的方向奔跑。

最能吸引宠物注意的莫过于美味的食物，可以让助手或者宠物主人选择一个合适的位置用食物吸引宠物，摄影者则在其奔跑的过程中进行抓拍。

重要步骤与相机设置

1　最好选择在有阳光的晴天拍摄，以保证光线充足，从而提高快门速度，不过需要避开正午的强烈直射光。

2　通过取景器构图，使用光圈优先模式（A/Av）拍摄，将光圈值调整到F5.6左右，搭配连续自动对焦模式对准主体对焦，保证其清晰度。

3　选择中央重点测光模式进行测光，以保证主体的曝光效果。

↘ 注意最近对焦距离

　　最近对焦距离指的是被摄主体到镜头的一个最近的能够对焦清晰的距离，如果主体与镜头靠得太近，超过了最近对焦距离，镜头将无法对焦，所以在构图时摄影者需要根据不同镜头来调整拍摄距离，以保证对焦清晰、准确。

↑ 摄影者远距离拍摄奔跑在草地上的小狗，长焦镜头将主体拉近构图，搭配合理的对焦和测光，得到了主体清晰、环境虚化的画面效果

◎ 焦距	光圈	快门速度	ISO 感光度
70mm	F4	1/250s	100

重要步骤与相机设置

1 选择一款中长焦变焦镜头，与主体拉开一定距离进行拍摄，这样既能保证其活动的自由性，又可以避免主体超过最近对焦距离。

2 确定好机位和角度后，通过取景器观察运动主体，使用连续自动对焦对准主体拍摄，如果快门速度不够可以适当提高感光度。

3 最好开启相机的连拍模式，对同一景别多拍几张，以方便后期的筛选和调整。

▌卡片机怎么拍

　　卡片机由于其感光元件以及机身本身的特点，最近对焦距离要明显小于单反相机，所以相对来说，在比较靠近的情况下能够拍摄到对焦清晰的主体。

　　如果购买的是具有手动模式的卡片机，可以将其调整到快门优先模式，调整快门值到较高速，然后对准主体进行拍摄。

6.3 或动或静的宠物猫

猫的习性略微安静，它们的运动幅度也不会太大，所以相对于狗来说好拍一些。不过猫天生具有戒备心理，摄影者需要掌握一定的拍摄技巧，以避免无功而返。

重要步骤与相机设置

1 选择光线充足且不过于强烈的天气拍摄，例如晴天早上或者下午的光线；也可以选择均匀散射光的阴天，以体现主体的色彩和细腻质感。

2 在拍摄场地的选择上，一般来说，草地是非常合适的，一来方便得到简洁的背景，二来不会因为建筑物遮挡而形成阴影。

3 注意选择中央重点测光模式对准主体面部进行测光，以保证其本身的曝光准确，拍摄完成后回放，观察主体的曝光效果，适当增减曝光补偿来进行修复。

> ↓ 在草地上活动的两只小猫睡眼惺忪，柔和的侧逆光将它们的毛发和轮廓照亮，绿色的草地使画面简洁的同时增强了整体的生机和活力

焦距	光圈	快门速度	ISO 感光度
80mm	F2	1/400s	100

↘ 尽量选择户外拍摄

虽然猫大部分时间是在室内活动，不过室内的环境光线具有不可控性，不太利于拍摄的进行，所以应尽量选择在户外拍摄。

延伸学习
避免使用内置闪光灯

在外部光线不足的环境下，相机会自动开启内置闪光灯补光，不过由于其方向固定且强度太大，宠物眼部会造成充血，特别是猫拍摄出来的画面红眼效果严重，同时还有可能惊吓到宠物主体。

如果必须使用闪光灯补光，要强制关闭内置闪光灯，然后最好使用离机闪光灯或外拍灯，因为这类闪光灯可以让镜头与闪光灯不在同一条光轴上，因此不会出现红眼现象。

↘ 高速连拍提高拍摄的成功率

动物的动作变化是非常迅速的，要想捕捉到每一个瞬间，最好使用具有高速连拍功能的单反相机。同时在拍摄前必须开启相机的连拍功能，以保证不会错过每一个精彩时刻。

重要步骤与相机设置

1 目前，一般的单反相机都具有3~5张/秒的连拍功能，在资金充裕的情况下，可以选购例如佳能EOS7D、索尼A580、尼康D7000等单反相机，它们都能达到7~8张/秒的连拍速度，足够拍摄宠物的需要。

2 高速连拍的单反相机最好搭配使用一款大变焦镜头，以方便摄影者以不同景别来构图拍摄，注意对焦点选择在主体眼睛上，以保证其明亮清晰。

3 开启相机的连拍功能，搭配连续自动对焦模式来对准主体拍摄，得到一系列不同构图的画面，最后进行挑选。

> ↘ 两只虎斑猫一前一后、一高一低地摆姿，它们的视线朝向前方，好像蓄势待发准备下一个动作，由于摄影者开启了连拍功能，迅速记录下了这一有趣的时刻

◎ 焦距	✳ 光圈	〰 快门速度	ISO 感光度
60mm	F5	1/125s	100

◎ 焦距60mm 光圈F8 快门速度1/125s 感光度100

↘ 选择适当的角度拍摄

　　宠物猫本身身材娇小，在拍摄它们的时候不论是垂直角度还是水平角度都需要进行一番斟酌、挑选，这样才能保证真实、自然地表现它们的外形。

重要步骤与相机设置

1 为了表现宠物较为自然的形态，选择较低的机位，以平视或者仰视角度拍摄为宜，这样得到的画面宠物不会显得过于矮小，其特征也能完全展现出来。

2 在水平方向的选择上，不论是正面还是侧面都是较好的角度，如果想要表现较为立体的效果，斜侧面也是不错的选择，注意最好不要选择背面进行表现。

3 通过取景器构图，使用光圈优先模式（A/Av）拍摄，选择合适的光圈和焦距，以保证主体能够清晰地呈现在画面当中。

↑ 摄影者以低角度拍摄水边的猫咪，较低的机位让主体以平视角度出现在画面当中，斜侧面和侧面的水平角度描绘，展现了其多样的外形姿态

◎ 焦距	❋ 光圈	≋ 快门速度	ISO 感光度
160mm	F5.6	1/250s	100

卡片机怎么拍

　　为了得到较低机位且方便摄影者的拍摄，最好选购一款带有液晶翻转屏的卡片机，这样在构图时直接调整液晶屏的角度即可得到需要的构图了。

　　例如三星的MV8000卡片机就带有180° 液晶翻转屏，可以满足仰拍和俯拍的需要，对于拍摄宠物来说十分合适。

　　如果只是一般的卡片机，那么只有选择趴着或者蹲着的姿态拍摄了。

❶ 带有翻转屏的卡片机：三星的MV8000

6.4 飞翔的鸟儿

天空中自由飞翔的鸟儿表现出一种无拘无束的感受，是人们内心很向往的状态，这也是为什么许多摄影爱好者喜欢去拍摄它们的原因。不过拍摄鸟儿需要的设备更高端，技巧相对来说也更强，下面为大家一一介绍。

↘ 选用长焦镜头将飞鸟拍清晰

遨游在天空中的飞鸟由于距离太远，想要把它们拍摄清晰，必须选购焦段足够长的镜头，同时还要搭配一定的拍摄技巧，这样才能得到满意的画面。

重要步骤与相机设置

1 拍鸟最适合的是300mm以上的长焦或者超长焦镜头，而其中定焦镜头又比变焦镜头的画质更细腻，所以在资金允许的情况下购买一支超长焦的变焦或定焦镜头拍鸟再好不过。

2 由于长焦或者超长焦镜头本身体积、重量都较大，拍摄时最好将相机安置在三脚架之上，并配置移动方便的悬臂云台，通过取景器观察主体移动的方向，同时转动云台来合理地构图拍摄，以保证画面的稳定、清晰。

3 拍摄时开启连拍模式和连续对焦模式，同时将快门速度尽量调快，以保证捕捉到鸟儿飞翔的动感瞬间。

延伸学习
防抖功能的应用

镜头所带的防抖功能，是为了提高在低速快门下手持相机拍摄的成功率。不过对于拍摄鸟类来说，是为了保证长焦镜头下画面的清晰。

拍摄之前应先确定镜头是否有三脚架自动识别功能，如果有可以将镜头上的防抖按钮打开，然后调整光圈快门参数进行拍摄，从而提高画面的清晰度。如果没有，那么用在三脚架上应该关闭防抖功能。

● sigma 适马 APO 150-500mm F5-6.3 DG超级长焦镜头

◉ ↓ 摄影者使用300mm的超长焦镜头来抓拍天空中的飞鸟，高速快门和大光圈保证了画面的清晰、明亮，鸟儿的姿态被完全展现出来

◉ 焦距	✴ 光圈	〰 快门速度	ISO 感光度
300mm	F5.6	1/500s	200

↘ 用中央单点对焦拍出鸟儿的敏捷

相机的中央对焦点对焦最为精准，所以在拍摄时应尽量使用中央对焦点对准主体对焦，以提高画面对焦的成功率。

◉ ↑ 翱翔在蓝天的海鸥展开双翼，摄影者以长焦搭配高速快门进行拍摄，中央单点对焦将鸟儿清晰地记录下来，画面简洁、主体突出

◉ 焦距	✸ 光圈	〰 快门速度	ISO 感光度
170mm	F5	1/2000s	125

重要步骤与相机设置

1 事先设置对焦选择钮，调整相机拨轮直到取景器中的中央对焦点亮起，表明相机使用中央单点对焦。

2 使用自动对焦模式拍摄运动主体较为合适，搭配连续对焦模式，保证主体不论在画面中的哪个位置都能得到准确的对焦。

3 选择直射光的晴天拍摄为宜，以保证充足的进光量，同时主体最好占据画面较大的面积，以方便进行对焦。

▌单反达人经验之谈

现在很多数码单反相机都具有区域对焦功能，对焦点至少在5个以上，拍摄时可以设置将相机内的所有对焦点都开启进行拍摄。

选择具有区域对焦的相机，利用相机的多个自动对焦点可以轻松锁定焦点，保证被摄主体随时处于跟焦状态，从而不会因为脱焦而弄得手忙脚乱，这是保证对焦成功率的有效方法。

↑ 翱翔在蓝天的鸟儿形态优美，翅膀张开一定的弧
度，形成了极富美感的曲线，单色的背景不仅突出
了主体，还让整体画面更为简洁、有力

焦距	光圈	快门速度	感光度
300mm	F5.6	1/500s	250

6.5　嬉戏或是觅食的鸟儿

除了飞翔在天空中的鸟儿之外，相互嬉戏或者觅食的鸟群也是非常值得拍摄的题材。由于它们常常选择在树上或者草地上活动，因此更加方便摄影者构图和拍摄。

↘ 捕捉鸟儿间的交流

当拍摄者面对的是两只以上的鸟儿主体时，就会发现它们之间存在一定的交流，不论是眼神的对视还是身体的触碰，都极富趣味性和故事性，需要细心观察记录。

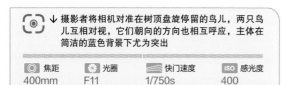

↘ 摄影者将相机对准在树顶盘旋停留的鸟儿，两只鸟儿互相对视，它们朝向的方向也相互呼应，主体在简洁的蓝色背景下尤为突出

◎ 焦距	✳ 光圈	〰 快门速度	ISO 感光度
400mm	F11	1/750s	400

重要步骤与相机设置

1　野外树林或者公园等都是鸟群经常出没的地点，是非常不错的场景，使用长焦或者超长焦镜头，可以在确定好机位之后将相机固定在三脚架上，通过取景器寻找主体构图。

2　注意画面最好以简洁的天空作为背景，为了保证不同主体都能清晰，通过将光圈值调大来增加景深，如果有必要，增加感光度来提高快门速度。

3　如果相机具有区域对焦功能，应将其开启，如果没有应利用中央对焦点对准主体，最后在后期软件中进行裁剪，同时使用智能自动对焦模式进行对焦，以提高画面的对焦成功率。

延伸学习
动静结合表现鸟群

如果是拍摄枝头的飞鸟，除了可以利用高速快门来定格它们瞬间的动作之外，摄影者还可以选择以中速快门拍摄，让飞鸟处于动感模糊的效果，而停着的鸟则处于静止状态，这样的动静对比会使画面更真实、自然。

❶ 焦距300mm　光圈F5.6
快门速度1/500s　感光度250

6.6 自由游动的鱼儿

　　水中的游鱼具有美丽的花纹和动感的身姿，尤其是搭配彩色的布景以及合理的景观之后，更富有拍摄价值。拍摄鱼儿的难度不比拍摄鸟儿小，需要摄影者掌握相关的技术才能提高画面拍摄的成功率。

↘ 关闭闪光灯紧贴玻璃拍摄

　　隔着鱼缸拍摄，玻璃缸的反射常常会让画面出现杂光，为了解决这个问题，不论是光线充足还是光线较暗，拍摄时都需要关闭闪光灯，同时尽可能地贴近玻璃缸拍摄。

重要步骤与相机设置

1 在拍摄前最好能够清洁一下玻璃缸的表面，以保证画面中不会出现污点或者其他痕迹，在家中拍摄也可以使用室内的台灯等在玻璃缸上辅助照明。

2 注意当环境光线不足时，许多相机的内置闪光灯会自动弹出进行补光，为了避免其造成画面杂光，需要提前将内置闪光灯关闭，同时合理地增加曝光量以及感光度来达到明亮的画面效果。

3 在拍摄前需要观察环境光线照射到玻璃缸上的方向，选择一个没有反射光出现的角度进行拍摄，为了有效避免杂光，利用镜头贴近玻璃缸为宜。

> ▌卡片机怎么拍
> 　　使用卡片机拍摄游鱼时，应注意将内置闪光灯强制关闭，同时最好保持环境足够明亮，将镜头紧贴着鱼缸来构图对焦拍摄。
> 　　注意可以使用运动模式来拍摄，也可以使用手动模式搭配增加相机的感光度来提高画面亮度拍摄，观察画面不出现杂光即可。

📷	↓ 镜头紧贴着干净的鱼缸表面进行拍摄，合理的角度使画面中没有任何杂光出现，并且鱼儿与环境的色彩形态也都能够完全展现出来

◉ 焦距	✸ 光圈	〰 快门速度	ISO 感光度
24mm	F4	1/200s	400

↘ 掌握捕捉优美姿态的技术要领

鱼儿游动的方向是不规则的，摄影者如果没有选对合适的角度构图，是无法捕捉其优美的姿态的，下面为大家介绍构图的一些技术要领。

重要步骤与相机设置

1 首先不要将镜头焦距拉得过长来特写，避免主体从画面中溜走的情况出现。可以将照片画质调至最大，搭配合理的焦距拍摄，最后在后期软件中进行裁剪。

2 注意构图时最好从斜侧面或者侧面角度拍摄迎面游来的鱼，保证其面部和身体都能呈现在画面当中。

3 使用连续对焦模式和连拍能够保证定格鱼儿的优美姿态，注意对焦点始终选择在主体眼部附近。

延伸学习
到自然环境中拍摄

其实，大部分的鱼儿都是生活在自然环境当中的，最常见的环境就是池塘、小溪、河流、大海等，摄影者如果到了这些地方，可以在此寻找游鱼进行拍摄。

摄影者最好选择光线较好的天气，拿着相机在水边寻找观察，一般安静的水面下方都会有鱼儿的身影，发现之后迅速对焦拍摄，不要错过每一个精彩瞬间。

🛈 焦距90mm　光圈F5.6　快门速度1/250s　感光度100

◎↘ 彩色的观赏鱼群在鱼缸中游动，摄影者以侧面角度将前方的主体整体包含在画面当中，其优雅的姿态与绚丽的色彩相结合，让人赏心悦目

◎ 焦距	✳ 光圈	〰 快门速度	ISO 感光度
60mm	F2.8	1/320s	100

↘ 避免盲目提高快门速度和ISO值

虽然提高快门速度和感光度能够在一定程度上保证画面的清晰和明亮，不过摄影者也不能够盲目地进行提高，以免画面出现不必要的噪点。

重要步骤与相机设置

1 如果条件允许，可以将相机安置在三脚架之上进行移动构图，以保证拍摄过程的稳定，同时可以寻找移动较为缓慢的主体，以保证画面的清晰。

2 在使用较大光圈镜头时，开启相机的光圈优先模式（A/Av）模式，将光圈值调大至景深合适后观察快门速度，如果快门速度慢于1/200s，则适当提高感光度来提速，如果快门速度比1/200s快，则可以直接进行拍摄。

3 一般情况下，建议将感光度调整到ISO100左右，如果为了提高快门速度而增加感光度，注意不要超过ISO800。

◎ ↓ 在光线条件较为充足的环境下拍摄锦鲤群，即使感光度只有ISO100，画面依然能够将它们游动的瞬间清晰地记录下来

◉ 焦距	⚙ 光圈	〰 快门速度	ISO 感光度
55mm	F7.1	1/320s	100

> **║ 单反达人经验之谈**
>
> 如果是拍摄室内鱼缸中的游鱼，最好先将窗户关闭，拉上窗帘，关上灯来制造一个较暗的室内环境，然后开启鱼缸的灯光，以保证主体环境光线充足。如果鱼缸的灯光亮度不足，可以用家中的台灯等在上面进行补光，这样得到的鱼儿画面清晰、明亮，背景环境较暗，有助于突出主体，也有助于对焦和测光。

◎ 焦距55mm

光圈F2.8

快门速度1/100s

感光度800

6.7 运动中的野生动物

野外的动物能够呈现出最为原始的生活状态，选择在野外环境中进行拍摄，得到的画面也更富有原生态的自然气息。不过野外摄影具有一定的危险性，需要掌握一定的技巧才能保证拍摄的顺利进行。

↴ 利用车辆远距离跟拍

由于野生动物普遍具有攻击性，考虑到人身安全以及其他不可控的因素，摄影者一般来说不要靠近拍摄主体，而是选择利用车辆等工具远距离跟拍。

重要步骤与相机设置

1 车辆以较慢速度远距离跟随动物拍摄时，摄影者最好配备一支中长焦变焦镜头或是超长焦定焦镜头，以保证能够在较远距离拍到较为饱满、清晰的主体影像。

2 如果镜头的焦距不够，可以尝试使用增距镜来拉近主体。一支2×增倍镜能够使影像的大小加倍，例如把增倍镜附加在200mm镜头上，得到的影像会和400mm镜头所拍摄的影像大小一样。使用这一附件能在更远距离拍摄野生主体而不让其发现。

3 由于车辆和动物都处于运动的状态，使用连续自动对焦搭配连拍模式来拍摄是非常有必要的，这样也可以提高画面的成功率。

↑ 摄影者以长焦镜头搭配增倍镜拍摄奔跑的斑马，连续对焦模式保证了主体的清晰，斑马与环境很好地融合在一起，呈现出一幅大自然的写实画面

◎ 焦距	✳ 光圈	〰 快门速度	ISO 感光度
100mm	F5.6	1/800s	400

↘ 搭配高速存储卡启动连拍功能

由于野生动物主体较为分散，在野外拍摄到精彩画面的几率不太大，为了把握好这个难得的机会，一定要开启相机的连拍功能，尽可能多地记录动物主体的一举一动。

重要步骤与相机设置

1 由于连拍本身较为耗电，在拍摄前需要确认相机内电池的电量为满格，最好能够携带备用电池，以保证拍摄活动的顺利进行。

2 高速连拍所带来的后果就是照片会很多，拍摄前要准备一个存储量大且存储速度快的记忆卡，一来可省去换卡的麻烦，二来也节省了时间。

3 开启相机的连拍功能后，一定要搭配使用连续自动对焦模式，通过取景器构图抓拍主体的一系列活动。

> ↘ 开启连拍模式后，摄影者按下快门，在短时间内抓拍野生大象运动的姿态和表情，较小的景深保证了主体和环境都能够清晰地呈现出来

◎ 焦距	✿ 光圈	≋ 快门速度	ISO 感光度
120mm	F13	1/800s	400

延伸学习
摄影包的选择

摄影包分为单肩背包和双肩背包两大类，单肩背包方便拿取相机以及镜头等附件，但由于拍摄时背着它会产生重心不稳的现象，且长时间使用会让人觉得不舒服，所以在野外拍摄时一般不会选择此类背包。

双肩背包重量平均分配到两肩，特别适合长途跋涉的摄影活动，而且双肩背包一般都比单肩背包空间大，方便摄影者装入更多的器材。

● 双肩背包示意图

6.8　动物园中的动物

　　动物园当中的动物都被区域性地分隔开来，这样对于拍摄来说比较有利。不过为了安全起见，摄影者与动物之间往往会存在栅栏或者铁丝网等阻碍，这就需要使用特殊的技法来构图，以得到满意的画面效果。

↘ 使用大光圈消除干扰

　　大光圈不仅能够带来明亮的视觉效果，还可以得到较浅的景深突出主体。摄影者在构图拍摄动物时，可以使用长焦镜头搭配大光圈来避免其他杂物干扰视线。

重要步骤与相机设置

1 使用中长焦变焦镜头，注意其最大光圈值最好在F2.8左右，如果资金允许，选购长焦定焦镜头能让画面的成像效果更出色。

2 使用光圈优先模式（A/Av）拍摄，调整焦距来拉近主体，以保证其占画面中的较大面积，同时使用大光圈来虚化环境。

3 为了让画面得到更好的画质，在光线条件较好的情况下将相机感光度调整到ISO100。

> **▌单反达人经验之谈**
>
> 　　如果是拍摄被铁丝网隔离的动物，使用长焦镜头并使用较大光圈可以让铁丝网虚化，甚至消失，从而减弱其干扰，不过需要注意的是，此时最好使用手动对焦模式来对焦主体，以免自动对焦失效。

⊃ 焦距200mm

光圈F2.8

快门速度1/200s

感光度100

↑ 摄影者隔着栅栏拍摄开屏的孔雀，长焦镜头搭配F2.8的大光圈将孔雀迷人的外形和色彩完全布满画面，主体的头部得以清晰突出，画面色彩浓烈，极富视觉冲击力

焦距	光圈	快门速度	ISO 感光度
96mm	F2.8	1/400s	100

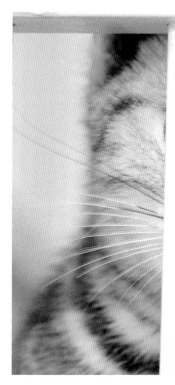

> ↑ 宠物小猫透过铁笼望向镜头，手动对焦保证了主体的清晰，白色的铁笼成为前景，烘托出一种特殊的人文意境，展现出动物人性化的一面
>
> | ◎ 焦距 | ❀ 光圈 | 〰 快门速度 | ISO 感光度 |
> |---|---|---|---|
> | 105mm | F4 | 1/30s | 640 |

↳ 利用铁笼表现人文关怀

　　摄影者利用铁笼栅栏等作为拍摄前景也是可行的，栅栏和动物的结合往往能够表现出一种隔离和保护的状态，有时也表现出一种无奈和受约束的感受，使画面具有人文关怀意境。需要注意的是，即使铁笼在画面当中可以较为清晰地呈现，也不能占据画面的较大面积，主体动物的中心地位不可动摇。

重要步骤与相机设置

1　拍摄时尽量靠近铁笼有助于对焦，同时搭配一款大变焦的镜头为宜，方便调整景别来构图。

2　由于自动对焦很可能会出现对焦点选择错误的情况，拍摄时最好开启相机的手动对焦模式，调整对焦环对准主体进行对焦，以保证主体的清晰。

3　尽量使用中等光圈拍摄，保证前景的铁笼也能够较为清晰地展现出来，得到需要的构思。

▋卡片机怎么拍

　　由于卡片机没有手动对焦模式，所以摄影者无法随心所欲地对焦主体。不过现在很多高档的卡片机针对人像拍摄，设计了一个特殊的面部识别功能，相机可以自动对准画面中识别到的面部对焦。在拍摄铁笼中的动物时，可以使用这一模式。

　　开启该模式后，将相机镜头对准画面中的动物，相机内部通过识别即可在液晶屏上显示对焦区域，摄影者确定后全按快门即可完成拍摄。

◖ 三星NV3卡片机具有人脸识别对焦功能

↘ 捕捉动物与人的互动

构成画面时，摄影者既可以单独特写动物主体，也可以拍摄游览者与动物之间的互动。人物喂食或者与动物交流的场景常常更富人性化，拍摄出的画面也就更能打动人心。

重要步骤与相机设置

1 挑选人物与动物共处的场景拍摄，注意构图时人物作为陪体不能占据画面过大的面积，同时人物的正面面部最好不要出现在画面当中，以避免分散视线。

2 使用长焦镜头拉近主体，开大光圈来虚化背景，注意使用连续对焦模式对准主体动物对焦，以保证其清晰可见。

3 为了保证远距离拍摄时画面清晰，合理提高感光度来提高快门速度。

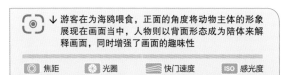

↓ 游客在为海鸥喂食，正面的角度将动物主体的形象展现在画面当中，人物则以背面形态成为陪体来解释画面，同时增强了画面的趣味性

◎ 焦距	◈ 光圈	≋ 快门速度	ISO 感光度
70mm	F5	1/2000s	200

延伸学习
动物之间的互动

动物园中的同类动物一般都放在一起圈养，它们之间的互动会更加有趣，也非常值得拍摄。

一般来说，上午到中午这段时间动物的精力旺盛，也能够表现出较为活泼的一面，此时光线也比较充足，能够保证画面的亮度和较高的快门速度。拍摄时应以动物本身的特点作为主题，展现其外形以及动感的身姿。

ⓘ 焦距150mm 光圈F8 快门速度1/320s 感光度100

6.9　昆虫与花朵的亲密互动

蜜蜂、蝴蝶这类昆虫是花粉的天然传播者，因此它们与花卉之间的互动非常频繁，这也为拍摄带来了极大的便利。在繁花盛开的季节，来到花丛间捕捉采蜜的场景，既有趣又能锻炼拍摄技巧，何乐而不为呢！

↘ 根据环境贴近采蜜蜜蜂

由于花朵本身高度不一，摄影者来到花丛间，必须根据花朵以及蜜蜂主体的位置来确定拍摄角度，以便还原蜜蜂采蜜的真实场景。

重要步骤与相机设置

1 摄影者选定拍摄场景后，为了贴近蜜蜂，要根据花朵的高低来决定视角，如果是较低的花朵，应以蹲姿或者趴姿来进行拍摄，如果相机带有翻转液晶屏，则可直接调整液晶屏角度达到需要的视角。

2 通过取景器观察主体，先调整焦距至合理的景别，然后调整相机到手动对焦模式，对准主体昆虫转动对焦环对焦。

3 使用多分区测光模式对画面进行测光，以保证画面整体曝光准确。

延伸学习
焦平面的选择

通俗而言，焦平面是指经过画面焦点且与光轴角度垂直的一个平面。

拍摄昆虫时，焦平面的选择对于画面中主体的呈现非常关键，注意焦平面应该尽量与昆虫身体的轴向保持一致，如果拍摄蝗虫一类的长型昆虫，选择的焦平面一般与身体平行，对于展开翅膀的昆虫，如蝴蝶、蜜蜂，应该使翅膀的平面与焦平面平行。

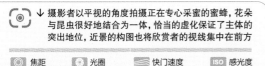

↓ 摄影者以平视的角度拍摄正在专心采蜜的蜜蜂，花朵与昆虫很好地结合为一体，恰当的虚化保证了主体的突出地位，近景的构图也将欣赏者的视线集中在前方

◎ 焦距	✳ 光圈	〰 快门速度	ISO 感光度
185mm	F4	1/1000s	100

↘ 使用微距镜头特写蝴蝶在花上嬉戏

　　微距镜头是专门针对昆虫、花卉等细小主体设计的特殊镜头，使用微距镜头拍摄可以将主体以1:1或者更大的放大倍率展现在画面当中，因此十分适合特写蝴蝶与花朵的互动场景。

重要步骤与相机设置

1 在镜头选择上，一般认为昆虫摄影的适合距离大概是30cm～120cm，所以长焦微距镜头对于拍摄昆虫尤其有利，可以获得较远的工作距离和极佳的成像质量。

2 选择光线较为充足的晴天拍摄，时间段可以确定在上午或者下午，以避免强烈的直射光；顺光、逆光和侧逆光角度拍摄均可，以方便展现主体的外形和色彩。

3 构图时最好以斜侧面或者侧面角度为宜，要保证蝴蝶翅膀美丽的花纹能够突出出来，注意搭配ISO100的感光度保证整体的画质。

> ▌单反达人经验之谈
>
> 　　在拍摄飞行的蝴蝶时，对焦有一个小窍门：拍摄前可以先对准蝴蝶可能会停留的花朵进行对焦，然后构图并耐心等待，当蝴蝶张开翅膀飞入对焦区域时，即按下快门进行连续拍摄。

◎ ← 成群结队的蝴蝶在花丛中翩翩起舞，它们美丽的翅膀和动人的身姿一下子吸引了欣赏者的视线，微距镜头将场景以较大倍率还原，展现出清晰的主体细节

◎ 焦距	❀ 光圈	≋ 快门速度	ISO 感光度
100mm	F8	1/320s	100

6.10 停驻在植株上的昆虫

昆虫与动物的区别在于其身姿较小，动作敏捷，虽然它们大量地生活在我们周围，却很少让我们察觉。拍摄昆虫比拍摄一般动物的难度大很多，不仅要求较为专业的器材，还需要更为熟练的摄影技巧。

↘ 巧妙添加元素使昆虫更显生动

拍摄昆虫时，画面中最好加入一些植物和环境元素，一来揭示昆虫生活的环境，二来丰富画面的构成，给欣赏者带来了极富张力的视觉享受。

重要步骤与相机设置

1 最好选购一款微距镜头，同时选择光线较为柔和的早晨来拍摄昆虫，注意为了拍摄到自然生动的画面，不要打扰到主体的正常活动，需要慢慢接近它们。

2 通过取景器进行构图，保证画面的前景和背景都有一定的环境元素，在自然光环境下宜使用光圈优先模式（Av/A）拍摄，在大光圈和高速快门的搭配下，能得到主体突出的画面。

3 使用连续自动对焦模式对准主体面部对焦，在光线条件充足的情况下使用ISO100的感光度来保证画质。

> **▌单反达人经验之谈**
>
> 如果拍摄时环境光线亮度不足，摄影者可以使用补光道具来协助拍摄。一个小手电或者放置在镜头前的专用微距双头灯都是可以的，注意小手电的亮度不够，要较长的时间才能获得足够的曝光量，而闪光灯可以以较短的快门速度获得足够的曝光。

⊜ 佳能MT-24EX
微距双头灯示意
图

📷 ↑ 摄影者透过树叶前景拍摄站在上面的螳螂，树叶的前景烘托出一个自然真实的画面，正确的对焦和景深控制保证了主体的突出

📷 焦距	⬡ 光圈	〰 快门速度	ISO 感光度
90mm	F7.1	1/200s	100

↘ 以俯拍的视角突出昆虫形态

　　一般来说，昆虫背部的花纹非常有特点，同时它们身处的环境也常常低于摄影者站立的水平高度，所以在构图上最好以俯拍来突出主体的外形。

重要步骤与相机设置

1. 最好深入到树林和草丛中，细心观察树枝树叶寻找主体，确定一个外形较好的目标，由于栖息在植株上的昆虫常处于较为静止的状态，方便摄影者对焦和构图。

2. 摄影者可以选择单膝跪地的蹲姿俯拍主体，注意不要靠得太近，以避免惊吓到昆虫，最好使用微距镜头来对焦拍摄，以便更好地呈现主体的细节特点。

3. 以顺光方向拍摄可以将主体的外形色彩直观地呈现出来，注意搭配ISO100的感光度保证整体画质。

↑ 摄影者以一个较高的视角进行俯拍，微距镜头保证了昆虫外形及色彩的完美呈现，同时合理的景深将环境虚化，突出了主体

焦距	光圈	快门速度	ISO 感光度
90mm	F11	1/200s	200

▌卡片机怎么拍

　　为了拍摄微距的动、植物，卡片机都带有微距模式，不过由于卡片机本身镜头的限制，在拍摄昆虫题材时，最好选择外形较大的（如蝴蝶、蜻蜓等）种类。

　　注意卡片机在拍摄昆虫时会将许多环境元素纳入到画面当中，构图相对来说会比较单一，不过摄影者也可以选择使用后期软件进行裁剪，得到需要的景别。

↑ 一只蝴蝶倒挂在树叶上，张开了翅膀，拍摄者用长焦镜头虚化背景，构图时在蝴蝶的视向空间留出足够的空白，使画面显得别具一格

焦距	光圈	快门速度	ISO 感光度
200mm	F4	1/400s	100

第7章

你不能不拍的10个美食静物题材

拍摄品种众多的静物是很难用同一技术和方法来处理的，每一类品种都有其特点，要想拍摄好，必须仔细研究被摄主体的外形、质地及特点，根据创意确定好拍摄器材，给出最佳的布光和构图，并在拍摄过程中进行严格的技术控制，这样才能取得完美的效果。

7.1　新鲜欲滴的果蔬

颜色多样的水果和蔬菜以其鲜艳的色彩和独特的形状成为了常用的摄影题材，如果在拍摄的时候稍加技巧，再利用相机的表现力，就能将水果拍得更可爱，还能营造出艺术氛围。

选择合适的视角表现水果的新鲜

选择不同的视角，能营造出不同的图像效果。在选择拍摄视角时，应使拍照对象处于画面中间，一般情况下，应该选取画面上最吸引人的部分，也就是最想表现的部分，并保持快门的半按状态，在焦点对准以后再从容地按动快门，要避免拍摄出的照片发虚。在构图时，如果拍摄较多较大的水果，一般以主体为中心构图，因为摆放的位置也会对构图产生很大的影响，所以必须适当且正确地进行构图。

重要步骤与相机设置

1 拍摄时，根据拍摄需要选择好拍摄角度，然后架好三脚架进行构图，同时可以避免相机机身抖动而导致的画面虚糊。

2 将拍摄模式转盘设置为光圈优先（Av），根据需要设置合适的光圈值。

3 将白平衡模式设置为自动白平衡模式，将ISO值设为100。

4 将测光模式设置为点测光模式，针对主体较亮的区域进行测光。

↓ 拍摄时通过对视角的选择，以绿色的背景来衬托鲜艳的红色西红柿，果蔬上的水滴给人一种新鲜感

◉ 焦距	✳ 光圈	〰 快门速度	ISO 感光度
200mm	F3.5	1/10s	100

▌单反达人经验之谈

对于食物摄影而言，画面中的食物必须没有瘢疤和碰伤的痕迹，对细节的谨小慎微非常重要，具有光滑反射面的物体要擦干净并去掉指纹，构图时，应该首先设定主要物体的位置，然后以其为中心安排其余的物体。背景的色彩可以影响静物的构图基调。

在拍摄蔬菜时，为了显现蔬菜鲜嫩的质感，不妨将蔬菜事先放在水中浸泡一下，这样能使蔬菜获得鲜绿的新鲜质感。

◐ 焦距200mm　光圈F4.5
快门速度1/20s　感光度100

简单布光增添果蔬的诱人度

光线的强度和柔和程度应该巧妙结合，适当地运用光线才能表现出被摄物的诱人之处。

拍摄果蔬有时为了突出果蔬的诱人，需要人工布光。可以在被摄体的上方和左（右）侧各加一个柔光箱，如果没有柔光箱，也可以使用工作台灯并在前面加硫酸纸来补光，这样可以将画面中果蔬的质感表现得非常细腻，而且表面的层次也非常丰富。光线的柔软程度视果蔬的表面状况而定，若果蔬的表面较为粗糙，一般应使用光性稍硬的柔光；若果蔬的表面光滑，则要使用光性极软的柔光，这样，果蔬的质感能得到最佳表现。布光时，要注意光照亮度是否均匀，对暗部要做适当补光，以免明暗反差过大。在需要用轮廓光勾画被摄体外形时，轮廓光不宜太强，以避免干扰主光。

重要步骤与相机设置

1 在环境中寻找诱人的角度，并充分利用布光来突出主体。

2 将拍摄模式的转盘调到光圈优先模式（Av/A），选择合适的光圈值。

3 将感光度设置为100最佳，同时使用三脚架来增加相机的稳定性。

4 可使用点测光模式，对画面亮部区域进行测光。

延伸学习
静物摄影的背景选择

要让拍摄出来的静物显得生动、突出，背景的选择也是十分重要的。在选择背景时，摄影者应该把握好两条基本原则，第一是背景材质的选择。光滑的背景能够突出粗糙的物体，反之则能够突出光滑的主体。例如：在拍摄时最常使用的纯色作为背景，能很好地强调画面中的物体。

第二点要掌握的基本规律是色彩的搭配。其中，色彩的搭配又有运用对比色和采用相似色之分。运用对比色即拉大画面的色彩对比度，冷色的背景能够突出暖色的主体，反之，暖色的背景则能衬托出冷色的主体。这样的色彩搭配为的是使画面产生一种效果鲜明的色调对比，给人一种最强烈的视觉冲击。

> ↓ 为了将果蔬拍摄得更加诱人，拍摄时使用人为的补光来增加被摄主体的光泽

◎ 焦距	✳ 光圈	≋ 快门速度	ISO 感光度
125mm	F4	1/6s	100

7.2 感动味蕾的美味菜肴

美味菜肴是人类生活中最不可缺少的消费品，也是最常见的拍摄题材。但不少人认为菜肴是最难拍摄的物品之一。很多食品或菜肴在室内常温下放置一段时间后就会改变其色泽和质感，因此，摄影师必须在拍摄前做认真而细致的准备，待食品或菜肴烹调上桌后，在最短的时间内完成拍摄，这样才能保持其原始的色、香、味。

📷 ↓ 拍摄美食时，选择俯拍，不仅能将美食的造型有效地体现出来，而且还能突出美食的诱人

🔘 焦距	✳ 光圈	〰 快门速度	ISO 感光度
100mm	F4	1/4s	100

选择不同的拍摄角度引诱观赏者的食欲

对于美味菜肴的拍摄角度，应该根据菜品的特点来把握。

拍摄立体感比较好的食物（如西餐、小吃、点心等），比较适合用正面或侧面相对比较平的角度拍摄，这样可以较好地突出美食的立体感。

在拍摄中式美味菜肴时，因为大量地用到较大型的盘类或是钵类餐具盛菜，这时为了能够很好地表现这些大型餐具内的食物，拍摄时可以采用相对较为垂直的角度拍摄。而斜侧视角的拍摄在美味菜肴的拍摄中是比较常用的，拍摄时要合理地搭配相关元素，合理地运用道具来避免画面平淡。

重要步骤与相机设置

1 将拍摄模式设置为光圈优先模式（Av），设定一个合适的光圈值。

2 将数码相机的感光度设为ISO100，将白平衡设为自动。

3 测光模式以点测光对画面中的高光区域进行测光，如场景中反差太大，还要使用曝光补偿进行调整，以保证画面曝光正常。

▌ **单反达人经验之谈**

拍摄美食不一定只拍食物本身，有时候添加人物或搭配相关的元素进去会使画面更加诱人。在拍摄的时候，让同桌的人都忙用筷子或者勺子在美食上来一下，会给画面增加生气和动感。

❶ 焦距28mm 光圈F16
快门速度1/200s 感光度100

注意利用光线拍出美食的诱惑

光线对于摄影来说是最重要的元素，在拍摄美食时尤其如此。在拍摄美食时，光线有两种，一是自然光，二是灯光。运用自然光拍摄食物时要尽量选择柔和的光线，位于窗口附近的位置就较为理想，因为玻璃窗可以起到柔化光线的作用。但要注意避免直射光，因为那样会在食物上投射出很刺眼的影子。

使用灯光拍摄时，要根据美食的特点进行适当选择，一般用加装了柔光罩的影室灯做光源。

用光时，要注意光照亮度是否均匀，拍摄时如果光线明暗反差较大，可以对暗部做适当补光。若要用轮廓光勾画被摄体外形，要注意轮廓光的强度与主光的比例要合适，不能强过主光太多。

重要步骤与相机设置

1 将拍摄模式设置为光圈优先模式（Av/A），使用合适的光圈值拍摄。

2 选择好拍摄角度，然后确定拍摄的位置。

3 在测光模式上可选择点测光模式，对着想要拍摄的画面亮部测光即可。

4 将相机的感光度设置为100，以保证得到好的画面质量。

▌卡片机怎么拍

美食诱人感的表现总是和它的色、香、味等各种感觉联系起来，要让人们感受到食品的新鲜、口感、富于营养等，唤起人们的食欲。使用卡片机拍摄美食时，最好利用自然光拍摄，光线不好时，可使用内置闪光灯进行补光拍摄。

○ 焦距50mm
光圈F5.6
快门速度1/60s
感光度100

⊙ ↓ 在拍摄美食的时候适当地进行补光，可以将美食的色泽凸显出来，形成诱人的感觉

◉ 焦距	☀ 光圈	〰 快门速度	ISO 感光度
50mm	F16	1/60s	100

7.3 晶莹甘爽的饮料

光在摄影中不仅用来客观地表现物体的形态特征，还可以传递给人感受，再现静物产品形状、体积、色彩、质感、空间等视觉信息的同时，也展现了静物产品积极美好的诸多方面。为了更好地将饮料的晶莹剔透感，以及盛装器皿的立体感和质感表现出来，那么在拍摄时需要选择合适的光线和适当的补光。

利用黑色背景突出玻璃杯中饮料的晶莹剔透

拍摄饮料时的背景大致可分为有特定环境和无特定环境两种。有特定环境的背景指的是拍摄物体在一定的环境下进行拍摄，使物体在环境中表现出一种环境气氛。无特定环境就是利用自然背景拍摄，但无特定环境有时会由于杂乱的背景削弱主体的表现力，所以拍摄时一般会选择在特定的背景下进行。

由于在拍摄饮料时，一般要求将饮料拍出晶莹剔透的感觉来，所以在拍摄饮料时一般会选择纯色来作为背景，纯色背景中黑色与白色的使用最为广泛。拍饮料最好选择黑色作为背景，因为黑色具有很好的吸光性，可以避免拍摄时在静物表面产生光斑。

↑ 拍摄饮料时，经过侧逆光的补光后饮料在黑色背景的衬托下显得格外晶莹剔透

◉ 焦距	✺ 光圈	⚞ 快门速度	ISO 感光度
100mm	F5	1/10s	100

重要步骤与相机设置

1 使用黑色背景衬托被摄体，为表现出晶莹剔透感，采用顶光位对被摄体进行补光。

2 将拍摄模式设置为光圈优先模式（Av/A），并设置合适的光圈值进行拍摄。

3 将感光度设置为ISO 100，将白平衡模式设置为自动。

4 启动数码相机的点测光模式，测光时以主体最亮的部分为测光点，这样就可以压暗画面。

▌单反达人经验之谈

表现玻璃器皿质感的关键，是通过光线和背景将它们的透明度衬托出来。由于玻璃的表面光滑，容易产生反光，用一般的斜侧光拍摄，往往会因反光而影响到透明度的表现。因此，必须使光线穿透玻璃内部，才能更好地将它们的质地通过背景显示出来。

但由于玻璃器皿具有透明或半透明的性质，以及表面光滑容易反光的特点，因此在用顶光拍摄时，一般不要采用大面积的顶光照明，而采用投射范围较小的顶光拍摄，将光照范围控制在器皿的大小之内。在这种光线条件下，玻璃不会产生反光，轮廓线条和它的透明质感可以表现出来。

选择合适的角度拍摄啤酒溢出的泡沫

拍摄角度的选择，不仅对表达拍摄的内容起到重要作用，而且对形成优美的构图也起着不可忽视的作用。不同的拍摄角度，拍出的画面差别很大，变换一下角度，能直接影响画面结构。

例如，拍摄啤酒溢出的泡沫时，在同一距离、同一高度、用相同焦距的镜头，采用仰角、平角、俯角拍出3张照片，虽然前后景物没有变化，但画面包括的内容不同。如果采用不同的高度，在同一距离，用仰角、平角、俯角再拍3张照片，就会发现前景和后景的变化很大。这就说明相机与被摄物体的角度不同，产生的效果也不尽相同。镜头角度的高低，直接影响了画面中水平线和空间深度的改变。

因此在拍摄啤酒溢出的泡沫时，为了突出泡沫的感觉，最好选择平视的角度进行拍摄。而且啤酒泡沫流出酒杯的方向最好是在侧面，这样才能更好地体现出啤酒泡沫溢出的感觉。

重要步骤与相机设置

1 为突出啤酒泡沫，从右前侧对被摄主体进行补光。

2 将拍摄模式设置为光圈优先模式（Av），设定一个合适的光圈值。

3 将数码相机的感光度设为ISO100，白平衡为自动。

4 测光模式以点测光对画面中的高光区域测光，如场景中反差太大，还要使用曝光补偿调整曝光值，以保证画面曝光正常。

▌卡片机怎么拍

使用卡片机拍摄时，最关键的是注意背景的选择，可以选择较深色和较浅色的背景，利用前侧光照亮主体，这样啤酒杯外面的水珠会显得晶莹剔透。并且在拍摄时，尽量使用三脚架固定相机增加稳定性，同时强制关闭闪光灯，避免反光。另外，在拍摄时最好让啤酒的泡沫占酒杯的1/4或1/3，这样才能更有效地突出泡沫的感觉。

⊝ 焦距100mm

光圈F4

快门速度1/20s

感光度100

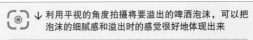

↓ 利用平视的角度拍摄将要溢出的啤酒泡沫，可以把泡沫的细腻感和溢出时的感觉很好地体现出来

📷 焦距	✦ 光圈	〰 快门速度	ISO 感光度
190mm	F2.8	1/20s	200

7.4 质感细腻的精美餐具

精美的餐具常以白色或者银色为主色调，所以在拍摄这些物体的时候关键在于曝光的控制，而且它们具有反光的特质，所以拍摄时要尽量将餐具的光泽表现出来。餐具一般是在室内场景中进行拍摄，环境元素会较为丰富，需要精确控制曝光来突出主体的轮廓和质感。

合理布置光线拍出餐具的光泽

在拍摄餐具的光源布置上，一般可以分为主光、辅助光、轮廓光、背景光等几种。很多爱好者觉得，光线越复杂越好，喜欢把所有光都照射到被摄物体上，这其实是错误的，因为这样不仅不能体现光出层次感，相反会给人留下乱糟糟的感觉。正确的布光方法应该注重使用光线的先后顺序，首先要重点把握的是主光的位置，利用主光来突出餐具的光泽，然后再利用辅助光来调整画面上由于主光的作用而形成的反差，突出层次，控制投影。主光的位置可以在最前方，也可以在顶部，辅助光则可以在四周，甚至在底部，这需要根据被摄物体的位置进行调整。

重要步骤与相机设置

1 要突出主体，将拍摄模式设置为光圈优先模式（Av/A），使用较大光圈。

2 先选择好光位，然后确定拍摄角度。

3 在测光模式上可选择评价测光或矩阵测光模式，对主体进行测光，由于餐具的反光较明显，可回放液晶屏观察图像，然后调整曝光补偿。

4 将照相机的感光度设置为100，以保证好的画面质量

> **▌单反达人经验之谈**
> **巧用工作台灯补光**
>
> 在拍摄时，为了得到均匀的散射光照明，又不希望用较多的投资去买那么贵的专业摄影灯时，可以就地取材，例如使用物美价廉的工作台灯。最好准备2~3个，一个作为主光源，另一个作为辅光源。灯泡可以是白炽灯，也可以是荧光灯，但是使用的几盏灯应该一致，以保证有相同的色温。主光源灯泡的功率为80W就可以，辅光源为30~40W，如果使用节能灯，一定要预热10分钟左右，等光亮度稳定之后，才可以进行拍摄。

↑ 为突出餐具的光泽，在拍摄时使用自然光线作为主光并辅助补光，能将餐具的光泽表现出来

焦距	光圈	快门速度	ISO 感光度
160mm	F3.2	1/20s	100

采用俯视角度拍出餐具的完美形态

俯视角度拍摄时，相机的位置高于被摄体。由于俯拍视觉角度开阔，能纳入较多元素，但因元素过多，往往会造成画面杂乱无章的无主题效果，这一点在拍摄时要引起重视。再就是要保持好水平构图，不要过分倾斜，光圈不能过大，否则会产生后景模糊看不清。取景时可用全景，也可用局部特写。同时，要针对被摄体的特点来选择合适的光线种类，以及拍摄角度和构图。这样拍摄时，才能更好地使用俯视角度表现出餐具的完美形态。

重要步骤与相机设置

1 为突出餐具的形态，拍摄时采用俯拍角度进行拍摄。

2 将拍摄模式设置为光圈优先模式（Av/A），并选用合适的光圈。

3 将感光度设置为100，以保证好的画面质量。

4 将测光模式设置为点测光，对画面中被照亮的重点区域进行测光。

延伸学习
选择合适的拍摄角度

平摄角度，拍摄点与被摄对象位于同一水平线上，以平视的角度来拍摄，这种角度的画面效果，接近于人们观察事物的视觉习惯，透视感比较正常，是应用最为广泛的。

仰摄角度，拍摄点低于被摄对象，以仰视的角度来拍摄处于较高位置的物体，仰角的大小与距离的远近有关，距离愈近，仰角愈大；距离愈远，仰角愈小。所以拍摄时要根据不同被摄对象的具体情况，选择适当的仰摄角度，这样才能增强摄影构图的表现力。

俯摄角度，拍摄点高于被摄对象，以俯视的角度来拍摄处于较低位置的物体。适于表现辽阔的原野、大规模的宏大场面，以及用来展现优美的形态。比如。在拍摄餐具时，为了表现出餐具的完美形态，可以使用45°的方位来展现。

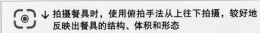

拍摄餐具时，使用俯拍手法从上往下拍摄，较好地反映出餐具的结构、体积和形态

◎ 焦距	✳ 光圈	≋ 快门速度	ISO 感光度
165mm	F2.8	1/20s	100

7.5 精美绝伦的珠宝首饰

首饰是常见的装饰品，体形较为小巧，而且式样和种类较多，因此，拍好它不是一件容易的事，需要摄影师有较为专业的摄影技术和技巧。

选择纯色背景突出首饰的光泽

物体与背景在色调或影调上的对比差异越大，越容易表现轮廓感；物体与背景在色调或影调上的对比差异越小，越容易被混淆。拍摄精美首饰时，可以把色彩较浅的物体放在黑色背景前，通过黑色背景的衬托对比来增加主体的视觉冲击力。

而且黑色的背景具有很好的吸光性，可以避免拍摄时在静物表面产生光斑。所以在要突出首饰的光泽时，最好使用黑色背景。

> ◎ ↓ 在纯色背景的衬托下，玉手镯在侧逆光的作用下散发出迷人的光泽
>
> | ◉ 焦距 | ✴ 光圈 | ≋ 快门速度 | ISO 感光度 |
> |---|---|---|---|
> | 185mm | F2.8 | 1/15s | 100 |

单反达人经验之谈

对于被摄物来说，不同的采光角度、亮度，得出的效果是不同的。在影室布光中指的是不同光位的光线照射，如顺光、侧光、逆光等，这些不同的光位，会使静物产生明暗不同的变化，使色彩各不相同。顺光指拍摄主体的受光面，基本上没有暗部，影调层次较平淡单调，反差小，但柔和的顺光色彩细腻平和，色调明亮。侧光会使产品色彩在明暗度上产生明显的对比，而且过渡自然、丰富。逆光对静物产品的亮部色彩表现比较差，常运用逆光表现主体的轮廓和通透感。拍摄时还需要注意光线对被摄主体色彩的影响，比如在日光灯与白炽灯下，同一主体会呈现出不同的色彩，这就是受到了不同色温影响的缘故。因此在拍摄时需要根据现场光线的情况，选择合适的白平衡进行拍摄，这样才能更好地还原被摄主体的色彩。

❶ 焦距185mm 光圈F2.8

快门速度1/15s 感光度100

注意运用光线拍出首饰饱满的质感

在要突出首饰饱满质感的拍摄时，很难有一定的用光规则，一般情况下，对首饰多用柔光照明。运用光线时应注意首饰的质感能否得到很好的表现，首饰的每个面、每条棱线是否达到理想的明度等，若不够理想，要耐心地进行调整，直至有了完美的效果。

所以最好在任何情况下都不要使用直射光和闪光灯，而应该使用较为柔和的光线照明。光源可以选择太阳光、窗口光，或在闪光灯上加装柔光罩等，也可以使用反光板将光线反射到要拍摄的主体上。

拍摄时如果自然光线不足或光线照射位不当，可以用LED电筒或反光板进行补光。

重要步骤与相机设置

1 将拍摄模式设置为光圈优先模式（Av/A），使用合适的光圈值拍摄。

2 选择好拍摄角度，然后确定拍摄的位置。

3 在测光模式上可选择点测光模式，对着想要拍摄的画面亮部测光。

4 将相机的感光度设置为100，以保证得到好的画面质量。

↑ 拍摄时，使用侧逆光为主光，不仅把珍珠的色泽和形态凸显出来，而且也让人感受到珍珠那珠圆润滑的质感

焦距	光圈	快门速度	ISO 感光度
100mm	F8	1/125s	100

7.6　充满童趣的玩具

充满童趣的玩具也是较为常拍的静物之一，不过每件玩具都有适合的角度，有些适合从上到下，有的适合从近到远，有的则需要从侧面，所以在拍摄时大家可以多试试每个角度拍摄的感觉。可以在拍前从每个角度先观察一下玩具，看看哪一种视觉效果更好，这样才能更好地展现出玩具的童趣。

大光圈虚化背景突出玩具

除了使用简洁的背景来突出主体外，还可以考虑利用虚化背景的方法来突出被摄主体。这种虚化背景的方法，同样可以排除杂乱的背景对主体的干扰。利用大光圈或是中长焦镜头不仅能够更真实地表现被摄主体，还可以实现完美的虚化效果。但是，在使用大光圈和长焦镜头的时候，首先要明确自己的创作目的。如果环境对于主体没有多大的利用价值，可以对其进行较深度的虚化；如果需要交代一定的环境因素，但同时又不希望其影响到人物主体，那么可以进行适度的虚化，达到两者的统一。

重要步骤与相机设置

1 将白平衡模式设置为自动白平衡模式，将ISO值设为100，以保证良好的画质。

2 将拍摄模式设置为光圈优先（Av），选用大光圈清晰地表现被摄主体。

3 选择点测光模式，对准需要清晰表现的主体测光，重新构图之后半按快门对焦，按下快门进行拍摄。

> **▌单反达人经验之谈**
>
> 拍摄玩具时，使用较大的光圈来拍摄，这样不仅在昏暗的光线下可以获得较多的进光量，让你不用三脚架也能拍出稳定的照片。而且，使用大的光圈拍摄，照片会显出相当浅的景深，让焦点外的景物模糊失焦。使用小光圈拍摄，会拍摄出不同感觉的照片，用小光圈拍摄的画面，镜头对焦在中间，可以看到深长的景深，使前景和后景都足以看清楚。
>
> 由于景深的大小与镜头光圈的大小和焦距的长短成反比，即光圈越大，焦距越长，景深越小，光圈越小，焦距越短，景深越大。所以要想虚化背景，就要开大光圈，增加焦距，以缩小景深，尽可能使主体以外的物体处于景深之外，这样在照片上主体是清晰的，而前景和背景是模糊的，从而突出了主体。

↑ 大光圈可以虚化背景、突出主体，是玩具拍摄中常用的技巧。在虚化的背景下，主体被很好地展现出来

焦距	光圈	快门速度	ISO感光度
120mm	F2.8	1/15s	100

巧妙运用构图表现玩具的童趣

在拍摄具有童趣的玩具时，构图十分重要。首先，构图要简洁明了；其次，不要选择任意堆放在一起的玩具，要找出主宾关系或表现的主体，剔除与主题不协调的任何细节；另外，构图时为了突出主体，要让画面中的每一根线条都尽量集中到主体上；最后，不要把主体或构图的重点置于中央，如果主体和其他物体混成一体，整个画面就会使人感到乏味。为了使画面更富有童趣，拍摄时可以人为地加强被摄物体的形状和摆放位置，形成一个有趣味的画面，这样更能成为吸引观看者的视觉和唤起童心的内心世界。

重要步骤与相机设置

1 在环境中寻找诱人的角度，并充分利用布光来突出主体。

2 将拍摄模式的转盘调到光圈优先模式（Av/A），选择合适的光圈值。

3 将感光度设置为100最佳，同时，使用三脚架来增加相机的稳定性。

4 可使用点测光模式对画面的亮部区域进行测光。

↑ 拍摄时，利用人为的摆设构图，可以将玩具的童趣很好地通过画面表现出来

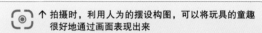

焦距	光圈	快门速度	感光度
113mm	F2.8	1/13s	100

延伸学习
正确使用闪光灯

目前市面上的数码单反相机都自带有内置闪光灯，当环境光线不足时相机内部会发出信号，闪光灯会自动开启进行闪光，但是内置闪光灯具有亮度较高、角度不易调节、效果生硬的缺点，而且容易破坏现场气氛，所以在拍摄时最好强制关闭内置闪光灯，避免画面产生浓重的阴影。如果拍摄时必须使用闪光灯进行补光，那么最好选择外置闪光灯，而且在使用时可以用跳灯或反光的方式布光。如果直接打光，最好使用离机方式补光，以免光质过硬。

❶ 具有柔光罩的外置闪光灯

7.7 温馨舒适的家居

要拍摄出静物佳作，选好拍摄对象是前提。对于普通的摄像爱好者，在拍摄之前可以先设计一个拍摄主题，然后看看自己周围有没有适合拍摄的对象。其实只要认真发掘，在家中就有不少好的拍摄素材。

重要步骤与相机设置

1 根据现场光线设置合适的白平衡模式。

2 将ISO值设为100，以保证良好的画质。将拍摄模式设置为光圈优先（Av），可选择较小的光圈，使整个画面都清晰可见。

3 选择多分区测光模式测光，拍摄后回放画面，根据画面情况进行曝光补偿。

4 为了方便后期调整，可以使用RAW格式拍摄。

设置白平衡还原家的真实色彩

色彩是自然界中非常重要的元素。在拍摄家居作品时，往往追求家居在各种光线下的色彩的真实表现，这样才能体现出家居自然的本质和真实色彩。

所以在拍摄家居时，首先要注意调节色温，也就是数码相机中的白平衡。在室内不同的光线下，应当使用不同的白平衡。

由于拍摄家居一般在室内拍摄，而室内的光线一般由有色光组成。这些光源会让房间呈现出红色、黄色或是白色的色调，而在灯光下拍摄家居时，可以保留这种现场气氛，表现家居所带来的温暖感。

▋单反达人经验之谈

手动白平衡就是在一些光线条件极为复杂，自动白平衡无法调节画面时运用的一种方式。在进行手动白平衡之前需要找到一个白色的参照物，例如纯白的卡纸、白布等，有时也用灰卡来代替。

在开机的情况下将拍摄模式调整到光圈优先模式或者快门优先模式；按下白平衡选择按钮并旋转相机拨轮，观察液晶屏上白平衡模式切换为手动白平衡；开启相机手动对焦模式让白色参照物占满整个镜头完成对焦拍摄；进入相机菜单列表，选择"自定义白平衡"并按下设置按钮，将液晶屏转回刚刚拍摄完成的白纸，再次按下设置按钮即可。

↑ 拍摄家居时，使用了白炽灯白平衡模式，画面中的家居色彩都得到了较好地还原

◎ 焦距	✳ 光圈	〰 快门速度	ISO 感光度
18mm	F8	1/25s	400

↑ 在室内有效空间里，使用广角镜头拍摄可以将室内家具的摆设通过画面表现出来

焦距	光圈	快门速度	ISO 感光度
16mm	F8	1/25s	400

用广角镜头展现家居摆设的立体感

　　广角镜头是一种焦距短于标准镜头、视角大于标准镜头、焦距长于鱼眼镜头、视角小于鱼眼镜头的摄影镜头。广角镜头又分为普通广角镜头和超广角镜头两种。普通广角镜头的焦距一般为24～38mm，视角为60°～84°；超广角镜头的焦距为13～20mm，视角为94°～118°。

　　广角镜头视角大、视野宽阔、景深长，可以表现出相当大的清晰范围，能强调画面的透视效果，善于夸张前景和表现景物的远近感，有利于增强画面的感染力。

　　所以在室内空间有限的距离里内将室内家居拍摄得较全，那么最好使用广角镜头进行拍摄。但由于广角镜头焦距较短、视角很大，在近距离拍摄时，由于镜头畸变的原因，线条会倾斜、变形，相机位置离被摄体距离越近，这种变形与夸张的效果越明显，所以在拍摄时要注意出现的透视畸变。

重要步骤与相机设置

1 将拍摄模式设置为光圈优先，设置合适的光圈值进行拍摄。

2 将感光度ISO设置为100，减少噪点，以保证良好的画质。

3 将测光模式设置为点测光，并最好使用三脚架保持相机稳定。

4 根据现场光线选择合适的曝光补偿。

▌卡片机怎么拍

　　市面上的很多卡片机都拥有30mm以下的广角镜头，这样很方便拍摄较为大气的场面。

　　使用卡片机的广角端拍摄，可以同时收纳更多的美景进入画面，这个时候掌握画面平衡是一件至关重要的事情。不论画面边缘位置的场景会发生怎样的变形，首先要让画面中心位置横平竖直。由于利用广角端拍摄时的畸变多发生在画面边缘位置，所以只要把明显垂直的主体放在画面稍中间的位置就可以避免畸变了。

● 焦距10mm　光圈F8
快门速度1/125s　感光度200

7.8 金属质感的数码产品

随着科技的发展，推陈出新的数码产品逐渐成为静物摄影的常见题材。通过摄影可以把数码产品的形状、结构、性能、色彩和用途等特点反映出来，从而引起顾客的关注，极大地提高对数码产品的认识和了解。

局部拍摄突出数码产品的独特细节

特写是对被摄主体的某一局部进行更为集中突出的展现，特写画面的数码产品，常用来从微细之处揭示被摄数码产品的细节和质感。特写画面内容单一，可起到放大形象、强化内容、突出细节等作用，会给观众带来一种预期和探索用意的意味，能准确地表现数码产品的质感、形体、颜色等方面。所以在拍摄特写画面时，构图要力求饱满。拍摄时，要尽量选择具有的独特细节来展现所拍摄的数码产品，可以尝试变换拍摄角度让主体呈现出多种不同侧面，这样会让作品的表现力更加丰富，因为角度意味着观察的视角，不同角度可以传递不同的画面效果。

> 📷 ↑ 对数码相机局部的特写，不仅将产品细致的做工和结构表现出来，还起到了以点带面的效果

◉ 焦距	◎ 光圈	▧ 快门速度	ISO 感光度
135mm	F8	1/8s	100

重要步骤与相机设置

1 拍摄时使用三脚架保持相机的稳定，有利于仔细构图。

2 将拍摄模式设置为光圈优先模式（Av/A），选择合适的光圈值进行拍摄。

3 特写时可以使用点测光，对准画面较亮的部位进行测光。

4 将感光度设置为100，以保证画面质感细腻。

> **单反达人经验之谈**
>
> 在特写拍摄中可以用长焦距和微距镜头来拍摄，并且根据拍摄对象的大小和摄影距离选择合适的镜头。通过使用长焦镜头或者将相机靠近拍摄对象，可以捕捉更多、更细致的细节。在需要靠近拍摄对象时，注意焦距不能太近，否则会让被摄主体的其他部位变形较严重。如果无法靠近拍摄目标，或者靠近目标存在危险因素，为了拍摄出拍摄对象的细节，可以采用长焦镜头。同时，为了拍摄出清晰的特写，需要防止抖动而使用稳固的三脚架来协助拍摄。而微距镜头的主要参数为放大倍率，常用的微距镜头的放大倍率为1:1或者1:2，大于1倍的微距镜头属于超近摄类别，能获得惊人的细节放大效果，因此在拍摄特写画面时常用到微距镜头。
>
>
>
> ➊ 佳能70-200mm长焦镜头
>
>
>
> ➊ 尼康85mm微距镜头

7.9　时尚大气的汽车

汽车以其流线的外形、绚丽的色彩及庞大的占地面积成为摄影中不可缺少的类型，要将汽车的造型美表现在画面当中，拍摄角度和拍摄环境元素的选择都是关键。

从不同角度拍摄汽车全景

拍摄汽车这类大型主体时，最好选择在环境元素较为自然、单一的宽阔场地，例如公路、展厅、停车场等，注意拍摄前要确保场地安全且不被打扰，以保证拍摄过程顺利进行。还有一种方法就是去大型车展现场进行拍摄，说不定能够取得意外的惊喜。

拍摄汽车一般以横构图斜侧面角度为主，因为汽车是横向面积大于纵向面积的物体，横构图斜侧面角度可以很好地将主体全景包含在内，又能表现汽车的外形；在垂直拍摄角度的选择方面，以平视和仰视拍摄居多，平视角度能够还原汽车的真实外貌，仰视角度则将汽车表现得极具气势。

单反达人经验之谈

在车展现场拍摄名车时，最好不要使用闪光灯，因为闪光灯会产生明显的反光，形成难看的光斑，从而破坏画面的气氛，所以在拍摄时，尽量选择光线较均匀的场景拍摄。同时，为保证画面的质量，拍摄时应选择使用较低的感光度，在光线不好的时候，尽量用三脚架来增加稳定性。

○ 焦距22mm

光圈F5.6

快门速度1/10s

感光度200

↓ 以平视角度拍摄车展现场的汽车，其整体外形都展现在画面当中，较好地表现出汽车的时尚造型

焦距	光圈	快门速度	ISO 感光度
24mm	F4.5	1/125s	200

7.10　突出细节的网店产品

随着网络时代的发展，越来越多的消费者开始从传统店铺购物的方式转向网上购物。为了让网上店铺生意蒸蒸日上，所以拍摄产品照片成为不少网络卖家的必修课。

以纯色背景增添商品的魅力

网上商品主要以展示商品特性为主，过于花哨的背景或是装饰反而会削弱商品原本想传达的信息，因此网拍商品图片主要由简洁明快的背景和清晰的主体构成。这样不仅可以明确地展示商品，还能够表现出商品的质感。

所以在网拍商品时一般会选择纯色来作为背景，纯色背景中黑色与白色的使用最为广泛。拍首饰、瓷器、玻璃、塑料等制品时最好选择黑色作为背景，因为黑色具有很好的吸光性，可以避免拍摄时在静物表面产生光斑。

↓ 在黑色背景的衬托下，网购商品的形态以及质感都被较好地表现出来

🔘 焦距	⚙ 光圈	〰 快门速度	ISO 感光度
50mm	F16	1/200s	160

❶ 焦距26mm　光圈F5

快门速度1/640s　感光度160

简单布光突出口红的诱惑

在自然光下拍摄口红时，最好在下面使用白色的布或纸来衬托，采取正面使用反光板对口红进行补光；如果是在灯光下拍摄，下面同样使用白色的布或纸来衬托，使用单灯从口红上方进行照明，并在灯上加装柔光罩柔化光线，以避免形成硬光。而使用静物箱来拍摄，最好使用台灯，从旁边进行补光，这样能较好地体现出口红的质感和形态特征。

拍摄时，若口红的盒盖非常漂亮，尽量使其中一支外表完整，其他的可以去掉盒盖，把有口红的一部分产品旋转出来，至合适的长度，这样拍摄效果会更佳。

重要步骤与相机设置

1 在自然光下拍摄时，将拍摄模式的转盘调到光圈优先模式（Av/A），尽量使用较小的光圈，突出被摄主体。

2 将感光度设置为100最佳，同时，使用三脚架来增加相机的稳定性。

3 调整焦距完成构图，切除多余画面。

4 可使用中央重点测光模式对画面的亮部区域进行测光。

↑ 在白色的环境中，通过摆设和灯光的照射，口红的色泽和外观都被较好地展示

焦距	光圈	快门速度	ISO 感光度
60mm	F10	1/40s	100